纺织新技术书库

图像处理技术在纺织中的应用

柯　薇　邓中民 ◎ 主　编
潘如如　刘成霞 ◎ 副主编

U0241829

中国纺织出版社有限公司

内 容 提 要

本书以图像技术在纤维、纱线、织物、非织造产品以及服装等多个尺度上的应用为主线，首先阐述了图像处理技术的相关基础理论及算法，然后根据纺织工艺的进程对各方面的实际应用展开分析。

本书适合纺织行业的科研人员、技术人员及检测人员阅读，也可作为纺织高等院校的专业教材或参考书。

图书在版编目（CIP）数据

图像处理技术在纺织中的应用/柯薇，邓中民主编；潘如如，刘成霞副主编 . --北京：中国纺织出版社有限公司，2024.5

（纺织新技术书库）

ISBN 978-7-5229-1308-7

Ⅰ．①图… Ⅱ．①柯… ②邓… ③潘… ④刘… Ⅲ．①图像处理-应用-纺织品-检测-研究生-教材 Ⅳ．①TS107

中国国家版本馆 CIP 数据核字（2023）第 237703 号

责任编辑：沈 靖 孔会云 责任校对：寇晨晨
责任印制：王艳丽

中国纺织出版社有限公司出版发行

地址：北京市朝阳区百子湾东里 A407 号楼 邮政编码：100124

销售电话：010—67004422 传真：010—87155801

http://www.c-textilep.com

中国纺织出版社天猫旗舰店

官方微博 http://weibo.com/2119887771

三河市宏盛印务有限公司印刷 各地新华书店经销

2024 年 5 月第 1 版第 1 次印刷

开本：710×1000 1/16 印张：14.25

字数：218 千字 定价：88.00 元

凡购本书，如有缺页、倒页、脱页，由本社图书营销中心调换

前　言

图像处理技术就是通过计算机利用一定的算法或程序对数字图像进行噪声消除、图像增强或特征提取等处理，从而获得需要的图像或信息的技术。图像处理技术综合性较强，应用范围广，涉及不同领域和行业，如图像传输与计算机技术、通信技术紧密相关，数字图像获得与电子技术紧密相关，图像处理与数学和物理学紧密联系。图像处理技术起源于 20 世纪 20 年代，早期图像处理的目的是改善图像质量，以人为对象，改善其视觉效果，常用方法有图像增强、图像分割、边缘提取、形态学分析、图像压缩编码等。图像处理技术首次得到实际应用是在美国喷气推进实验室，随后被应用于航空航天、通信电子、工业工程、生物医学和文化艺术等多个领域。

自 20 世纪 80 年代后期，图像处理技术开始进入纺织工业领域，早期主要用于纺织原料、纱线、面料的检验以及模拟控制纺织品的质量，后来随着计算机技术和大规模集成电路技术的发展，进一步加强了图像处理技术的软硬件环境，在运算速度、测试精度、数据处理和结果再现性等方面得到显著提升。图像处理技术可以更好地实现对纺织品外观和内在质量相关参数及其性能的检测。

本书以作者团队多年从事图像处理技术理论研究及其在纺织中的应用实践研究的科研成果为依托，结合当前国内外最新研究技术，科教融合，注重实践。从内容结构上来看，本书首先对图像处理技术相关基础理论及算法进行阐述；然后根据纺织工艺的进程，从纤维、纱线、织物、非织造产品到服装等方面上的实际应用展开分析。内容全面翔实，适合纺织行业的科研人员、技术人员及检测人员阅读，也可作为纺织高等院校的专业教材或参考书。

　　本书由武汉纺织大学纺织科学与工程学院柯薇、邓中民担任主编，江南大学潘如如、浙江理工大学刘成霞担任副主编。具体参与编写人员及其编写内容如下：第 1 章由武汉纺织大学邓中民、李敏编写；第 2 章由武汉纺织大学柯薇、阮曙芬编写；第 3 章由武汉纺织大学柯薇编写；第 4 章由武汉纺织大学柯薇，江南大学潘如如编写；第 5 章由武汉纺织大学邓中民，江南大学潘如如编写；第 6 章由武汉纺织大学柯薇、邓中民编写；第 7 章由武汉纺织大学柯薇、邓中民，浙江理工大学刘成霞编写；课题组研究生参与了了本书的文字整理工作。全书由柯薇、邓中民统稿。

　　由于作者水平有限，书中不妥乃至错误之处在所难免，恳请读者不吝指出，以便修订时更正。

作者

2023 年 11 月

目　录

第1章

概论

1.1 图像处理技术

1.1.1 概述

计算机图像处理，即用计算机对图像进行接收、信息提取、加工、模式识别及存储显示的处理过程。当计算机获取了图像的足够信息，就可以进行图像增强、图像压缩、图像复原、图像分割和图像识别等处理，以满足不同的需要。

计算机图像识别是指通过一定的手段和技术，如采用模式识别等方法，对某些从远距离传送来的、模糊不清的图像或其他途径获得的图像，进行消除干扰、增强对比度，使得图像信息清晰可观，进一步实现对图像的识别。

图像在自然的形态下，并不能直接用计算机进行分析，因为计算机只能处理数字，而不能直接处理图片，所以一幅图像在用计算机进行处理前必须先转化为数字形式。图像转化的过程即称为数字化。为了把图像数字化，必须进行在空间点阵上的抽样和灰度量化两个方面的工作。被抽样的点称为像素，所以一幅数字图像就是灰度值的二维数组，把它用 $f(i, j)$ 表示时，则 $f(i, j)$ 在表示图像 f 位于 (i, j) 处像素的同时，还要表示该点的灰度值。

1.1.2 图像处理技术在纺织领域的应用

近年来，计算机技术的高速发展使得计算机视觉技术进入人们的视野，在不断地研究探索下，计算机视觉技术迅速发展和进步，图像处理技术也得到广泛的应用。计算机视觉相关技术的应用使得纺织行业走向更加智能化、高效化的道路。随着图像处理技术的进步和研究的深入，现如今计算机视觉技术早已不再是早期的理论文字化，而是在纺织领域中已经有不少地方投入实际使用。计算机视觉和图像处理技术使得纺织产品的质量得以提高和市场竞争力得以增强，促使纺织行业逐步实现了从人力劳动到智能工业化的转换，极大地促进了纺织行业的发展。

关于计算机视觉和图像处理技术的开端和发展要追溯到 20 世纪 80 年代，不少国内外相关领域的专家、学者和研究机构开始将计算机视觉技术和图像处理技术运用到纺织行业中，例如，织物组织结构参数识别等方面。但是织物组织结构较为复杂，对于研究来说有不小的困难，再加上许多客观因素，使得至今为止仍未形成一个完善的能够应用于纺织工业化生产的织物组织结构、经纬密度自动检测识别系统设备，大部分的研究仍在继续探索和完善中。根据使用的图像处理方法不同，可以将织物经纬密度自动检测和识别的方法分为两类：一类是基于空间域的方法；另一类是基于频域的方法。

空间域泛指一个图像平面本身所在的二维平面，即图像每一个被称为像素的单元。基于这个空间域的图像处理方法就是通过对图像的灰度值大小进行改变，但是图像的位置保持不变。通过空间域的方法进行织物经纬密度自动检测就是通过织物图像中经纬纱线的灰度值分布，对灰度变化特征进行提取分析，最终对灰度值进行计算，得到织物表面特征信息，从而得出经纬纱线密度。

频域是指图像像素灰度变化值随位置变化的空间频率，一般用频谱图表示信息分布特征。频域处理就是根据图像模型对图像频谱进行一些修改。利用频域的方法对织物进行经纬密度检测就是根据织物中经纬纱线排列的周期性变化，将图像从空间域转换到频域，进行一系列处理后再转回空间域，分析其频谱特征，最终求出织物经纬密度。

图像处理技术主要用于织物相关性能指标的自动检测，例如在纤维种类的区分、纱线的毛羽、起毛起球评定等相关性能的检测和识别等方面都有应用并取得一定的成果。如在纤维的鉴别中，有研究学者将图像处理技术和人反向传播算法（back propagation，BP）神经网络与图像处理有效结合起来，研制出了一个可以自动识别、区分同一织物中不同纤维占比的系统，该方法可信度高且几乎不受测试人员主观因素的影响。而在有关纱线细度的测定中，有研究者已经研制出名为 OMNICON 的图像分析仪，成功地实现了对各种纱线细度的准确测量。纺织品的检测中，由于检测对象的复杂多样性，因此未来在该技术的发展中，最主要的是针对不同测试对象进行有效的编程和相关的软件研究。在兼顾准确度的同时，还需要注重提高图像处理速度，从而克服大量图像和数据的不同带来的诸多困难。可以说图像处理技术已经融入纺织中的各行各业。通过数字图像处理技术进行纺织行业中的检测工作，不仅可以大大降低生产成本，而且随着技术的不断进步和各种各样算法的完善，其准确率和效率也会不断提高，这是一个必然的发展趋势。

1.2 纺织品检测技术分析

1.2.1 图像的采集

计算机视觉系统的第一部分就是图像采集系统，对原始织物图像进行采集是所有处理的第一步，是后续所有处理步骤顺利进行的前提条件。简单来讲，图像处理就是将采集到的原始织物图像由图像信号转换为数字信号，进行处理、计算和分析，所采集到的织物图像质量会直接反映在数字信号转换的结果上，并会直接给后续处理检测工作的进行以及最后得到的结果带来很大的影响，因此做好简单组织织物原始图像的采集尤为重要。

决定最后采集到的图像质量的因素有很多，其中光照条件是最为重要的因素之一。在图片采集的过程中，选择合适的照明环境可以大大减少阴影或者反射光对图像品质产生的不良影响，大幅度提升算法检测结果的准确性，加快运算的速度，节约运行时间。在进行人工目测方法来识别棉花杂质时，最理想的光照环境是晴天上午的自然光。

1.2.2 图像的预处理

图像的预处理是指在特征值提取之前，对纤维进行一系列数字图像处理，以强化其特征，并消除图像中的其他因素干扰，提高特征值提取的精确度和程序运行效率。一般来说，完成图像的采集后，都需要对图像先进行预处理，而不会直接使用。这是因为在图像采集的过程中，避免因为各种不同外部因素的影响，如采集环境、光源条件、采集设备、传输设备等，而对图像产生各种不同的干扰和影响，如传输过程中可能会使得图像中存在噪声，光照不均匀会使得采集到的图像不能完全真实地反应其包含的信息等。因此，图像的预处理过程是十分关键而且必要的，合适的预处理过程可以大大提高图像的可读性以及算法的运算速度，减少后期图像分割和特征提取的难度。一般来说，预处理的步骤都是为后续处理过程服务的。

1.2.2.1 图像的灰度化处理

灰度是指图像中以黑色为基准色，其值在 0（白色）~100%（黑色）。在数字图像中，通常采用 RGB 即红、绿、蓝三色的亮度值来表示图片每一个像素点的颜色亮度，其亮度范围为 0~256。拍取的图像是真彩图像，利用 R、G、B 这三个分量分别表示一个像素的颜色，故也称为 RGB 图像。通过将这三种基色任意组合来调出图像中的任意颜色，在 MATLAB 中存储成为一个 $m×n×3$ 的多维数组。真彩图像数据量大，处理起来很困难，所以先要转化为灰度图像。在 MATLAB 中，利用 IMREAD 将图像读入后，必须使用 RGB2GRAY 进行图像转换，只有将图像转换成为灰度图以后，才能进行后面的一系列的预处理手段。图像灰度化变换后，就会变成一维数组。

1.2.2.2 图像的噪声消除

噪声除杂的常用方式有均值滤波和中值滤波。均值滤波是指在图像上选择一个像素点，计算这个像素点与其相邻的 8 个像素点的灰度值的平均值，使这 9 个像素点的灰度值均等于平均灰度值，当像素点为边缘像素点时，只选择有限的几个像素点即可。中值滤波是指在图像上选择一个像素点提取其灰度值，并提取与其相邻的 8 个像素点的灰度值，将这 9 个灰度值从大到小排列后，选取中间值作为这 9 个像素点的灰度值，当像素点为边缘像素点时，只选择有限的几个像素点即可。采用领域平均法的均值滤波可以有效地去除孤立的颗粒噪声，但由于将灰度值平均，进行均值滤波去噪后，图像会变得模糊，这会对后期的特征值提取造成较大影响，因此不宜采用均值滤波去噪。中值滤波也可以消除独立的颗粒噪声，因此对于椒盐噪声具有很好的去除效果，且中值滤波去噪可以较好地保护图像边缘，有利于后续的特征值提取。

1.2.2.3 图像的增强处理

由于原图像中的灰度值分布大多集中在某一特定区间，导致部分区域的亮度太高或太低，因此无法突出图像的整体特征。将原图像的灰度直方图进行均衡化后，灰度变化范围将增大，灰度值会更加均匀，因此图像的清晰度更高，有利于强化特征，便于计算机识别。

1.2.2.4 图像的二值化

二值化是指将彩色图像或灰度图像变为黑白图像，像素点为黑色或白色，通过阈值分割的方法可完成图像二值化。在图像二值化时，其关键是怎样确定一个恰当的灰度阈值，以使处理结果符合要求。二值化的方式通常有两种：整体阈值法和局部阈值法。前者算法简单，容易实现，但是若图像受到噪声的干扰或整幅图像结构层次较为复杂时，很难一次确定符合要求的阈值；后者虽然算法较为复杂，计算量大，但是处理效果却比前者要好很多。所以采用局部阈值法时，将某一像素的灰度值与背景灰度值（0 或 255）之间的误差按规定的误差分配表扩散到相邻像素，使它对最后抖动结果的影响不会像只表现在一个像素上那样明显，这样产生的黑白交替像素，看起来与原来的灰度很接近。二值图像中所有的像素点只有 0 和 1 两种值。在形态学中，把 0 和 1 对应于关闭和打开，关闭对应该像素点的背景，而打开对应该像素点的前景。用这种方法很容易识别出图像的结构特征。

1. 2. 2. 5 图像的腐蚀与膨胀

图像二值化后，纤维边缘还可能存在部分不连续情况。因此，需要对图像进行腐蚀与膨胀处理。腐蚀与膨胀均为二值图像中的形态学操作。腐蚀是指消除图像的边界像素点，使整个图像边界向内收缩。其运算方式为：使用一个结构为 3×3 的结构元素与二值图像进行"与"运算，如果结果都为 1，则该像素点为 1，否则为 0。膨胀是指将与图像相邻的像素点合并进入图像，使图像边界向外扩张。其运算方式为：使用一个结构为 3×3 的结构元素与二值图像进行"与"运算，如果结果都为 0，则该像素点为 0，否则为 1。腐蚀和膨胀运算通常都不进行单独操作，在图像处理过程中，常使用形态学开运算与形态学闭运算对图像进行处理。开运算为先腐蚀后再膨胀，其目的是消除图像边缘的细小杂质；闭运算为先膨胀后再腐蚀，其目的是修补图像内部不完整的部分。通过开闭运算可实现纤维图像的修补。为了特征值提取的需要，在预处理部分需要对纤维图像进行外轮廓的提取。在纤维图像中，保存完整的轮廓图像，去除纤维内部图像及背景疵点图像，并对纤维的外轮廓图像进行修补，以保证其完整性，经过腐蚀与膨胀的处理，可以去除一些不必要的杂质白点。

1. 2. 3 图像特征参数的提取

想要对不同杂质进行分类，必须找到合适的特征参数对其进行描述，通过特征值的差异来对其进行识别，颜色、形状和纹理是描述目标最常用的特征。但由于杂质种类多而杂，即使是同一种类型的杂质，其颜色、形状或者纹理上也会存在很大差异。比如，简单地使用颜色特征就可以区分出羽毛与红麻绳两种杂质，因为羽毛大多数是黑色或者棕色的，而红麻绳是红色的，但这种方法无法区分红麻绳和红丙纶丝，所以此时又可以用形状特征来区分具有相同颜色的麻绳和丙纶丝，因为麻绳和丙纶丝在形状上存在较大差异。为了区别更多种类的杂质，可以增加纹理特征来反映不同杂质的细腻程度。这样通过使用颜色、形状和纹理等多种特征进行综合判定，就可以区分大部分杂质，从而提高杂质分类的准确率。

第2章

图像处理技术及其MATLAB实现方法

2.1 MATLAB 编程基础

MATLAB（matrix laboratory）是一种用于算法开发、数据可视化、数据分析及数值计算的高级技术计算语言和交互式环境。MATLAB 的应用范围非常广，包括信号和图像处理、通信、控制系统设计、测试和测量、财务建模和分析，以及计算生物学等众多应用领域。附加的工具箱扩展了 MATLAB 的使用环境，以解决这些应用领域内特定类型的问题。

Simulink 是一个对动态系统进行多域建模和模型设计的平台。它提供了一个交互式图形环境，以及一个自定义模块库，并可针对特定应用加以扩展，可应用于控制系统设计、信号处理和通信及图像处理等众多领域。PolySpace 提供了代码验证，可确保消除源代码中的溢出、除零、数组访问越界及其他运行错误。此类产品可以证明源代码中不存在某些运行错误，使工程师能够选择并跟踪嵌入式软件质量的指标和阈值，帮助软件团队更好地定义质量目标，并更快地实施。该软件已经在汽车、航空、国防及工业自动化和纺织行业中得到广泛应用。

MATLAB 以其良好的开放性和运行的可靠性，已经成为国际控制界公认的标准计算软件。在国际上 30 多个数学类科技应用软件中，MATLAB 在数值计算方面独占鳌头。一是 MATLAB 计算功能强大。二是绘图非常方便，在

Fortran 和 C 语言里，绘图都很不容易，但在 MATLAB 里，数据的可视化非常简单，而且，MATLAB 还具有较强的编辑图形界面的能力。三是 MATLAB 包含两部分：核心部分和各种可选的工具箱。核心部分有数百个核心内部函数。其工具箱又分为两类：功能性工具箱和学科性工具箱。功能性工具箱主要用来扩充其符号计算功能、图示建模仿真功能、文字处理功能及与硬件实时交互功能，可用于多种学科。学科性工具箱的专业性则比较强。这些工具箱都是由该领域内高学术水平专家编写的，所以用户无须编写自己学科范围内的基础程序，即可直接进行高、精、尖的研究。除内部函数外，MATLAB 的所有核心文件和工具箱文件都是可读可写的源文件，用户可通过对源文件进行修改及加入自己的文件构成新的工具箱。四是帮助功能完整，自带的帮助功能是非常强大的帮助手册。

MATLAB 的基本简介如下。

2.1.1　脚本文件

MATLAB 有自己的命令行窗口，对于简单的命令，可以直接在命令行窗口输入，但随着命令行的增加或者命令本身复杂度的增加，再使用命令行就有些不便，这时就需要脚本文件。可以说，脚本文件是 MATLAB 指令集合的封装。

2.1.2　函数文件

函数文件以"function"开始，以"end"结束，这也是区别于脚本文件的地方。

在"function"后面接着定义输出参数、函数名和输入参数，比如：

function[x,y,z]=math-count(a,b,c)

x，y，z 是输出参数，以方框括起来；math_count 是函数名；a，b，c 是输入参数，以圆括号括起来。也可以没有参数，比如：function printresults(x, y)，其中 printresults 是函数名，x 和 y 是输入参数，没有输出参数。

2.1.3　控制流

MATLAB 的控制流也与 C 或 C++语言大体相同，唯一要注意的是每个条件都有相应的"end"关键字。

（1）选择结构：if—end，if—else—end，if—elseif—else—end。

（2）switch—case 结构：MATLAB 与 C 或 C++语言的 switch—case 结构不一样：只要条件满足，立即返回。

（3）循环结构：while、for 语句，break、continue、return 行尾可以不用加分号，每一个关键字后面都要有与之对应的 end 关键字。

2.1.4　常用的函数命令

2.1.4.1　输入命令

（1）clc：清除命令行窗口。

（2）clf：即 clear figure，清除图形窗口。

（3）clear：清除工作区的变量，clear all 是清除全部变量。

（4）forma：设置命令行窗口显示格式。

（5）iskeyword：确认输入是否为关键字，如果没有输入，则输出全部的关键字。

（6）who：显示当前变量名列表。

（7）whos：显示变量详细列表。

（8）which：查看关键字的路径。

2.1.4.2　帮助

（1）help：命令行窗口中函数的帮助。

（2）doc：帮助浏览器中的参考页。

（3）demo：帮助浏览器中查看示例。

（4）lookfor：在所有帮助条目中查看关键字。

示例:

纤维图像在采集过程中,由于纤维不在同一水平面会引起重叠虚影。为了消除其对后续提取纤维特征参数造成的不良影响,需要对纤维图像进行灰度化处理、杂质噪声滤除以及图像增强处理等来消除外在因素对最终结果的干扰。具体代码如下,效果图如图 2-1 所示。

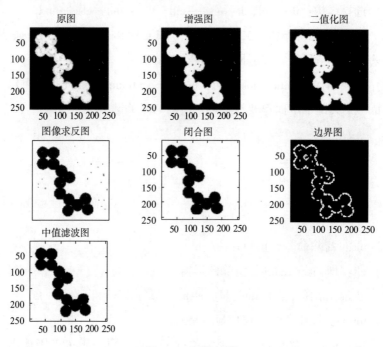

图 2-1 图像处理

```
j=imread('dian1.jpg');%读入图片
subplot(3,3,1);subimage(j);title('原图');%图片位置为(3,3,1)并命名
i1=imadjust(j,[0.4 0.6],[],1.3);%直接灰度调整,去掉色彩
subplot(3,3,2);subimage(i1);title('增强图');
lv=graythresh(I1)
i2=im2bw(i1,1v);%二值转换
subplot(3,3,3);imshow(i2);title('二值化图');
i5=~im2bw(i2);%图像求反
subplot(3,3,4);imshow(i5);title('图像求反图');
```

i6 = bwmorph(i5,' close') ;%闭合对图像先膨胀后腐蚀,去除一些不必要杂
质白点

subplot(3 ,3 ,5) ;subimage(i6) ;title(' 闭合图') ;

i7 = bwmorph(i6 ,' remove') ;%提取边界

subplot(3 ,3 ,6) ;subimage(i7) ;title(' 边界图') ;

i6 = ordfilt2(i5 ,6 ,ones(3 ,3)) ;%图像平滑中值滤波,去除噪声

subplot(3 ,3 ,7) ;subimage(i6) ;title(' 中值滤波图') ;

[labeled ,numobiects] = bwlabel(i6 ,4. 5) ;total = bwarea(i6) ;

mean(i6) ;

2.2 图像预处理技术原理及其实现

　　图像的预处理是指在特征值提取之前,对图像进行一系列数字图像处理,
以强化其特征,并消除图像中的其他因素干扰,提高特征值提取的精确度和程
序运行效率。在图像采集过程中,被采集物体会遭遇光照不匀、噪声以及不在
同一水平面产生的重叠虚影的影响。因此,在提取特征值之前,需要对图像进行
光照不匀处理和噪声消除等预处理步骤。

2.2.1　灰度化处理

　　灰度化处理即当 R、G、B 三值相等时,其颜色表示为一个灰度亮度,
纤维图像即可由彩色图像转化为灰度图像。由于彩色图片的储存量为灰度
图像储存量的三倍,因此将图像转化为灰度图像可以有效提高图像预处理
的速度。例如,棉与亚麻纤维的特征差异主要集中在纤维的结构差异上,
因此颜色的差异对于特征值的提取没有帮助,需要对纤维图像进行灰度化
处理。

　　灰度化处理方法有三种,分别为:最大值法、均值法、加权平均值法。
最大值法是指取 R、G、B 三值中最大的值:

$$R = G = B = \max \{ R ,G ,B \}$$

11

使 R、G、B 三值相等，得到灰度图像。

均值法是指取 R、G、B 三值的平均值：

$$R=G=B=\frac{R+G+B}{3}$$

使 R、G、B 三值相等，得到灰度图像。

加权平均值法是指根据人眼对于红绿蓝三色的敏感度不同赋予 R、G、B 不同的权值：

$$R=G=B=WR+VG+UB$$

使 R、G、B 三值相等，得到灰度图像，W、V、U 是各颜色的权值，其中 $W=0.30$，$V=0.59$，$U=0.11$。

例如，探究棉与亚麻纤维灰度化处理的最优方法，分别使用三种方法对纤维进行灰度化处理，其灰度化处理后的比较图如图 2-2 所示。

(a) 原图　　　(b) 最大值法　　　(c) 均值法　　　(d) 加权平均值法

图 2-2　灰度化处理比较图

2.2.2　噪声消除

图像在采集或传输过程中受到干扰就会产生图像噪声，噪声在图像中就像是杂质一样的存在，会混淆我们对于织物图像信息的识别，干扰图像中的重要特征信息。噪声的产生有很多情况，例如，采集过程中受采集环境条件或是自身设备性能的影响，或是图像传输过程中传输通道受到噪声污染使得最后获取的织物图像质量降低，甚至会将图像特征信息淹没，导致对图像信息的识别出现失误和偏差，影响图像处理结果的准确性，因此给图像进行去噪处理也是一个不容忽视的步骤。

根据噪声概率分布来分类，图像噪声有：高斯噪声、伽马噪声、指数噪声、瑞丽噪声、均匀噪声和椒盐噪声。对于图像去噪，以抑制或是去除图像中的噪声，尽量不破坏图像中重要细节特征和图像边缘为前提，通过平滑处理改善图像质量。常用的图像去噪方法有以下几种。

2.2.2.1　均值滤波

采用的是领域平均法，这是一种典型的线性去噪方法，通过低通滤波器降低高频部分来平滑图像中的噪声，能有效处理高斯噪声，但容易导致图像边缘模糊。均值滤波的方法运算简单、易于实现，而且能较好地保护边界，有利于后续的边缘提取。均值滤波的基本原理是对于给定的图像 $f(x, y)$ 中的每个像素点 (m, n)，取其邻域 S。设 S 含有 M 个像素，取其平均值作为处理后所得图像像素点 (m, n) 处的灰度，S 的形状和大小根据图像特点确定，一般取的形状是正方形、矩形及十字形等，(m, n) 一般位于 S 的中心，含噪声的图像经邻域平均后为：

$$\bar{f}(m, n) = \frac{1}{M} \sum_{x=1}^{1} \sum_{y=1}^{1} f(m + x, n + y)$$

从上式可以看出，经均值滤波后噪声能较好的平滑。

2.2.2.2　中值滤波

中值滤波是一种常用的非线性平滑去噪方法，能有效消除孤立的噪声点，且模糊程度低，能很好地保护图像的边缘。中值滤波不仅可以滤除图像上的噪声信号，同时还可以保护图像的轮廓和边缘。它克服了其他线性滤波方法在进行图像消噪后导致图像边缘模糊的问题。

中值滤波器是图像消噪处理中常用的一种非线性的平滑滤波器。它类似于卷积的邻域运算，但不是通过加权求和来进行计算的，而是把某个邻域中的所有像素根据灰度级先进行从小到大的排列，然后在该序列中选取排在中间的像素值输出。它能够将窗长为 P 的运算窗内的所有像素值小于 $(P-1)/2$ 的点、线及角等结构完全消除，明暗突变过渡的边缘则会被保留下来。因此，中值滤波的主要原理就是改变与周围像素灰度值差异较大的像素值，让其变成与周围像素灰度值相近的值，从而达到消除孤立噪声点的目的，具体操作步骤如下。

（1）在图像中移动模板，并使模板的中心和图像中某一像素位置重合。

（2）读取模板范围内对应的所有像素的灰度级数。

（3）对这些灰度值按由小到大的顺序排列。

（4）寻找该序列中的中间值。

（5）将该中间值赋予与模板中心位置重合的像素。

设二维图像中像素的灰度值的集合为 $\{f(i,j) \in Z\}$，是二维整数集，其中大小为 $P = m \times n$ 的滤波窗口内像素的灰度中值被定义为：

$$Y(i,j) = \mathrm{Med}\{f(i,j)\} \qquad (i,j) \in P$$

上式表示：将滤波窗口 P 内的所有像素按照灰度值的大小进行排序，取该序列内中间的灰度值赋予 $Y(i, j)$，然后以 $Y(i, j)$ 代替二维滤波窗口 P 内的中心像素值，即中值滤波器的输出值。

中值滤波的滤波窗口的形状可以为矩形、方形及十字形等多种形状，但无论何种形状，随着滤波窗口的增大，图像中有效信号损失的比例也将明显增加，因此窗口大小的选择应兼顾运算时间和有效信号。以对起球织物图像进行滤波为例，分别选择3×3、5×5 和7×7 三种方形窗口作滤波性能比较，试验效果如图 2-3 和图 2-4 所示。

(a) 3×3　　　　　　　(b) 5×5　　　　　　　(c) 7×7

图 2-3　经 3×3、5×5 和7×7 窗口的中值滤波器滤波后的 1 级起球针织物样照图像

2. 2. 2. 3　维纳滤波

维纳滤波是一种典型的去除噪声的自适应线性滤波函数，可以根据图像

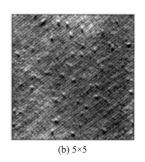
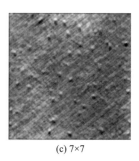

(a) 3×3   (b) 5×5   (c) 7×7

图 2-4 经 3×3、5×5 和 7×7 窗口的中值滤波器滤波后的 2 级起球针织物样照图像

的局部方差来自动调整滤波器的输出。相较于通常的线形滤波器，维纳滤波器更具选择性，滤波效果较好，可以更好地保存图像中的高频细节信息和图像的边缘，对含有高斯白噪声的图像滤波效果较好。因其滤波器的输出是根据图像的局部方差来调整的，图像的局部方差越大，则滤波器的平滑作用越强，所以维纳滤波处理的最终目标是使原始图像 $f(x, y)$ 和处理后的图像 $f^*(x, y)$ 的均方差 e 达到最小。

$$e^2 = E\big[(f(x,y) - f^*(x,y)^2) \big]$$

维纳滤波器函数首先估算出图像中像素的局部均值和方差：

$$u = \frac{1}{M \times N} \sum_{m,n \in W} f(m,n)$$

$$\sigma^2 = \frac{1}{M \times N} \sum_{m,n \in W} \big[f^2(m,n) - u^2 \big]$$

其中：u 为图像的局部均值；σ^2 为方差；$M \times N$ 为所用滤波器的局域窗口的大小。经过维纳滤波器滤波之后的输出值如下：

$$g(m,n) = u + \frac{\sigma^2 - v^2}{\sigma^2} \big[f(m,n) - u \big]$$

其中：v^2 为噪声的方差。

根据维纳滤波器滤波的基本原理，分别选用滤波窗口大小为 3×3、5×5 和 7×7 的维纳滤波器对起球织物图像进行消噪处理，试验效果如图 2-5 和图 2-6 所示。

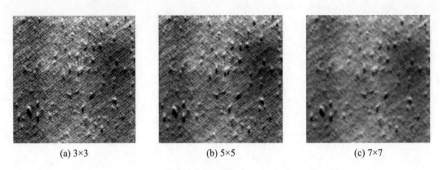

(a) 3×3   (b) 5×5   (c) 7×7

图 2-5   经 3×3、5×5 和 7×7 窗口的维纳滤波器滤波后的 1 级起球针织物样照图像

(a) 3×3   (b) 5×5   (c) 7×7

图 2-6   经 3×3、5×5 和 7×7 窗口的维纳滤波器滤波后的 2 级起球针织物样照图像

2.2.3　增强处理

灰度直方图是图像最基本也是最重要的表征，反映了图像中每种灰度出现的频率，能够衡量图像中每个灰度级像素的个数。在灰度直方图中，横坐标代表灰度级，纵坐标代表该灰度级出现的频率，灰度直方图清楚阐释了原图各灰度级的分布状况。

根据直方图的定义，在离散情况下，用 R_k 表示离散灰度级，用 $P_r(R_k)$ 表示灰度密度，则直方图灰度密度函数表示如下：

$$P_r(R_k) = \frac{N_k}{N} \qquad 0 \leqslant R_k \leqslant 1, k = 0, 1, 2, \cdots, m-1$$

其中：N_k 为 R_k 级灰度的像素数；N 为像素总数；N_k/N 为频数。

直方图增强的常用方法为均衡化和规定化。直方图均衡化采用的变换函数为累积分布函数，可以自动增强图像的整体对比度，形成全局均匀的直方图，但它的具体增强效果不易控制。在实际处理中有时需要具有特定灰度范围的直方图，以便于增强图像中的特定灰度级，这时就可采用直方图规定化。

直方图规定化原理是对两个直方图均做均衡化处理，使其成为两个相同的全局均匀直方图，并以此直方图为媒介对参考图像做均衡化的逆运算。令 r 和 z 分别表示输入和输出图像的灰度级，$P_r(r)$ 和 $P_z(z)$ 分别表示它们对应的连续概率密度函数。通过下面的步骤可以由一幅给定图像得到一幅灰度级具有指定概率密度函数的图像。

（1）由输入图像得连续概率密度函数 $P_r(r)$，求出对应的直方均衡变换 s。

（2）根据指定概率密度函数 $P_z(z)$，求出对应的直方均衡变换 $G(z)$。

（3）计算 $z = G^{-1}(s)$。

即输入图像均衡化得到输出图像，均衡化之后的图像执行反映射，得到最后具有指定概率密度函数的输出图像。

通过直方图规定化后的图像更为清晰，增强了对比度，凸显出目标图像的灰度级，方便了后序的图像处理。原棉直方图规定化后的效果如图 2-7 所示。

2.2.4　二值化

为进一步提升纤维图像预处理的效率，同时为了后续边缘轮廓的提取与修补操作，需要将纤维灰度图像转化为二值图像。二值化即为将彩色或灰度图像变为黑白图像，图中像素点为黑色或白色，通过阈值分割的方法即可完成图像二值化。

由于二值化后的纤维图像中，纤维部分为黑色，背景部分为白色，为了突出其纤维部分的特征，进行了黑白反转操作，将纤维部分的图像变为黑色后，能更好地突出其轮廓特征。

在 MATLAB 中，图像二值化的方法通常有三种，分别为迭代法、自带函数法和最大类间方差法（OTSU 算法）。

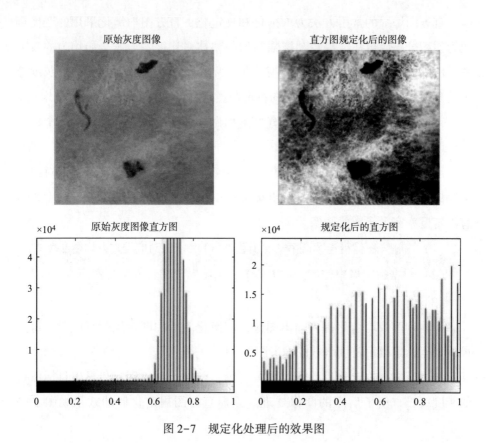

图 2-7 规定化处理后的效果图

（1）迭代法。迭代法是通过计算图像的最大灰度值 G_{max} 与最小灰度值 G_{min}，取其平均值 $\overline{G_1}$ 后作为阈值，通过阈值 $\overline{G_1}$ 将图像分割为目标图像与背景图像。随后计算目标图像的灰度值 G_{t1} 与背景图像的灰度值 G_{b1}，相加后求其平均值 $\overline{G_2}$，将其平均值与阈值对比，若相等则可按照此阈值 $\overline{G_1}$ 进行图像分割，若不相等则将 $\overline{G_2}/2$ 设置为阈值，并重复上述操作进行迭代计算，直至寻找到合适的阈值。此方法适合对目标图像与背景图像的灰度值差异较大的图像进行阈值分割处理，若目标图像的灰度值与背景图像的灰度值差异较小，则此方法由于需要迭代次数过多，导致计算速度较慢，且分割效果不理想。

（2）自带函数法。自带函数法是直接通过 MATLAB 中的函数 im2bw 将灰度图像直接进行二值化，但需手动调整阈值，其误差较大，容易损失需要提取的特征部分图像。

（3）最大类间方差法（OTSU 算法）。OTSU 算法也是将纤维图像分割为目标图像与背景图像，但其阈值 t 是取其图像的类间方差最大时的阈值。OTSU 算法在纺织品检测领域经常用于疵点检测，将背景图像与疵点图像分离开来，从而达到疵点检测的目的。

传统的 OTSU 算法是需要遍历所有可能的阈值（0～255），计算根据该阈值将图像分为前景和背景的类内方差，再根据类内方差的最小值确定最佳阈值。本节所提及的所有的纤维图像均为同一样本中的棉／亚麻纤维图像，且在同一显微镜光源下取得，因此在计算阈值时，其阈值应有一个更小的选取范围，通过灰度直方图可以更清楚地发现，该麻纤维图像的灰度分布大多数集中于 180～210，因此便不需要历遍所有灰度值。通过历遍更小的灰度值范围可以加快 OTSU 算法的计算速度，达到纤维图像自动检测对高效识别的要求。

2.2.5　倾斜矫正

在纱线图像采集过程中，由于受到转动装置的影响，纱线会因轻微抖动而无法保持水平状态，导致采集的纱线图像有微小倾斜。而毛羽图像处理方法中利用图像中垂直方向灰度值来实现图像增强，因此图像倾斜会影响图像处理结果，进而导致二值化时提取毛羽信息不全而出现毛羽断开的情况。因此需要对纱线图像进行倾斜校正，以免影响后续图像处理效果。

目前，倾斜矫正主要方法有 Radon 变换和 Hough 变换。Radon 变换是实现图像在空间上的投影叠加，数学上是按投影方向进行线积分。按照不同方向的直线对图像进行空间投影，空间中每一个点都是图像像素在直线上的积分，转换为空间上的亮点和暗点，Randon 转换定义为：

$$R(\theta,p) = \iint_{-\infty}^{\infty} f(x,y) \cdot \delta(p - x\cos\theta + y\sin\theta)\,\mathrm{d}x\mathrm{d}y$$

Hough 变换是将直线检测转换成在参数空间对聚集点峰值检测，原理是，直角坐标系中直线 $y=ax+b$ 可以映射到正弦曲线 $p=x\cos\alpha+y\sin\alpha$，当空间中同一直线上所有的点映射到正弦曲线时，都相交于参数中的同一点（p，α），此点可以转换为原始图像中的一条直线，因此 Hough 变换将问题转化为寻找参数空间的同一交点问题。通过两种方法实现纱线灰度图像倾斜校正，试验结果如图 2-8 所示。

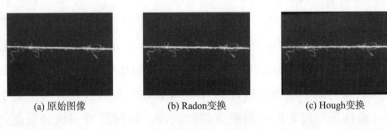

<table>
<tr><td>(a) 原始图像</td><td>(b) Radon变换</td><td>(c) Hough变换</td></tr>
</table>

图 2-8　倾斜校正方法对比

2.2.6　形态学处理

数学形态学是一种定量描述目标几何结构的集合论方法。在集合代数的基础上，利用对象和结构元素间运算获得对象更本质的形态。用数学形态学处理二值图像时，要设计一种收集图像信息的"探针"，称为结构元素。所谓结构元素是指具有特定形状的基本结构元素，如一定大小的圆形、正方形或菱形等。

最基本的形态学运算是腐蚀和膨胀，此外还有顶帽变换、模糊 C 均值（fuzzy C. means，简称 FCM）聚类算法。

2.2.6.1　腐蚀和膨胀

腐蚀和膨胀是两个互为对偶的运算。腐蚀处理是用结构元素对图像进行探测，找出图像中适合且能放下结构元素的区域；而膨胀处理则是对图像的补集进行腐蚀处理。

腐蚀的目的是消除边界点，使边界向内部收缩，消除小且无意义的目标物。如果两目标物间有细小的连通，可以选取足够大的结构元素，将细小连通腐蚀掉。设二值图像为 F，其连通域为 X，结构元素为 S，当结构元素 S 的

原点移到点 (x, y) 处时，将其记作 S_{xy}。此时连通域图像 X 被结构元素 S 腐蚀的运算表示为下式：

$$E = F \ominus S = \{x, y \mid S_{xy} \subseteq X\} \tag{2-1}$$

当结构元素 S 的原点移动到 (x, y) 位置时，若 S 完全包含在 X 中，则在腐蚀后的图像上该点为 1；否则为 0。

图 2-9 为腐蚀示意图。圆形结构元素的圆心在虚线构成的矩形连通域中移动，按照式（2-1）计算，如果此圆形结构元素所覆盖范围内的原图像像素值全部为 1，则腐蚀后图像的圆心位置上的像素值为 1；否则为 0。计算的结果为图 2-9 中实线框的深色矩形部分。

图 2-9　腐蚀示意图

膨胀的目的将与目标区域接触的背景点合并到该目标物中，使目标边界向外部扩张。膨胀可用来填补目标区域中存在的某些空洞，并消除包含在目标区域中的小颗粒噪声。膨胀处理是腐蚀处理的对偶操作，定义为：设二值图像为 F，结构元素为 S，当结构元素 S 的原点移到点 (x, y) 处时，记作 S_{xy}。此时图像 X 被结构元素 S 膨胀的运算表示为下式：

$$D = F \oplus S = \{x, y \mid S_{xy} \cap X \neq \emptyset\} \tag{2-2}$$

当结构元素 S 的原点移到 (x, y) 时，如果 S 中包含至少一个像素值为 1 的点，则在膨胀之后的图像上该点为 1，否则为 0。

图 2-10　膨胀示意图

图 4-5 为膨胀示意图。圆形结构元素的圆心在虚线框矩形连通域中移动，按照式（2-2）计算，即若该圆形结构元素所覆盖范围内的原图像像素值至少有一个不为 0，则膨胀后图像的圆心位置上的像素值为 1；否则为 0。计算的结果为图 2-10 中外围的实线框的矩形部分。

利用圆盘形结构元素 B 对图像 A 作形态学开运算，记为 $A \circ B$，其定义为：

$$A \circ B = (A \ominus B) \oplus B \tag{2-3}$$

其中：$(A \ominus B) \oplus B$ 表示图像 A 先被圆盘型结构元素 B 腐蚀，然后被结构元素 B 膨胀。

2.2.6.2 顶帽变换

顶帽变换属于组合形态学运算，可以由图像的开运算与减法运算相结合得到，这一变换使用了形状像一顶高帽，上部平坦的平行六面体做结构元素，因此称高帽变换，也叫顶帽变换，算法流程如图 2-11 所示。

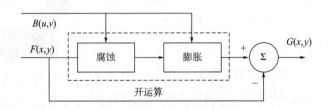

图 2-11　顶帽变换算法流程

假设 F 为输入图像，B 为采用的结构元素，G 为输出图像，形态学顶帽运算的定义如式（2-4）所示，即将输入图像与形态学开运算之后的图像做减法运算。开运算应选取合适的结构元素，那么之后图像中仅剩对于图像背景的估计，也可以消除小于结构元素的噪声，然后从原图像中减去对图像背景的估计就能够将目标提取出来。通过形态学顶帽变换可以有效地分离出图像的明、暗区域，通过增强图像明、暗区域的对比度可以达到增强图像的目的。

$$G = F - (F \circ B) \tag{2-4}$$

2.2.6.3 模糊 C 均值聚类

FCM 聚类算法最早是由 Dunn 提出的，在后期的发展中由 Bezdex 对算法进行了改进。FCM 聚类算法是经典的聚类算法，后应用于图像分割领域。FCM 聚类算法首先求取图像像素与聚类中心的加权相似性测度，再对目标函数不断进行迭代优化，从而获得聚类的最优结果。应用于图像分割时，首先运用 FCM 聚类算法对具有一致属性的像素进行模糊聚类，然后对每一类别像素进行标定，从而实现分割。

纱线图像在采集的过程中，受到光照以及背景等的影响，会出现亮度不匀的情况。虽然 FCM 聚类算法在图像分割领域已有应用，但对于纱线图像等背景亮度不匀的图像，其分割结果并不准确。因此，在进行 FCM 聚类分割之前需要先采用形态学开运算和 i 对其进行处理，消除和估计背景的亮度不均匀情况，从而准确分割出图像中的目标对象—纱线主体。图 2-12（a）为直接用 FCM 聚类方法对纱线图像进行分割后的图像，可以看出分割后图像中有很多噪声点，分割结果并不准确，尤其是纱线条干附近的毛羽和噪声会对后续纱线条干均匀度的计算产生很大的影响。图 2-12（b）为顶帽变换处理后的纱线图像，可以看出，纱线主体与背景的对比度明显增强，背景中亮度不匀的情况已经被消除，并且顶帽变换去除了部分噪点与冗长的毛羽，减少了后续图像分割的计算量。图 2-12（c）为对经过顶帽变换处理后的图像使用 FCM 聚类算法进行分割后的图像，可以看出有明显改进，纱线条干变得清晰且完整。

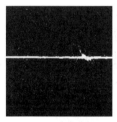  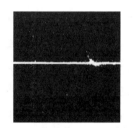

(a) FCM聚类分割　　　　(b) 顶帽变换后图像　　　(c) 基于顶帽变换和FCM的分割

图 2-12　分割图

2.2.7　光照不匀处理

光照不匀现象是图像处理中常见的问题之一。由于相机对图像的采集原理主要是基于光的反射现象，而采集的对象一般不是一个简单的二维平面结构，由于其自身的结构特点，即存在凹凸不平的不同层次及小的孔隙，因此即使是在设计好的比较理想的光照环境下，收集的图像依然可能会存在较多的光照不匀现象。有的部分光照强度较高，有的部分光照强度较低。对于光照强度较高的部分，采集到的图像区域相较于整体，其局部亮度较大，容易造成部分细节的丢失；对于光照强度较低的部分，在后续进行相关分析时会因为提取困难或不完整，容易造成误判。

一般主要通过同态滤波的方法对图像中存在的光照不匀现象进行调整。一幅图像$f(x, y)$可以表示为两部分：光强分布函数$f_m(x, y)$和物体的反射函数$f_n(x, y)$，所以图像可以表达为：

$$f(x,y) = f_m(x,y) \times f_n(x,y) \qquad (2-5)$$

而这两个分量在频谱中的分布区间存在较大差异，其中光强分量主要分布在低频区域，其变换存在缓慢且均匀的特点；而反射分量主要分布在高频区域。所以，为了将光强分量和反射分量分离开来，只需要将其转换到频域就能较为简单地实现。对高频分量即反射分量进行增强，使得图像细节描述加强，对低频分量即光强分量进行削弱，使得光照对图像的影响减少。这一步可以通过选择合适的同态滤波函数$H(u, v)$来进行操作处理。

同态滤波的基本原理是将原先复杂的乘法运算转换为简单的加法运算，通过对$f(x, y)$进行对数运算来完成相关操作。进行对数运算后，并没有改变光强分量$f_m(x, y)$和反射分量$f_n(x, y)$的分布区域，而其组合变成了简单的加法组合，那么就可以将反射分量和光强分量进行区分。完成两类分量的区分之后，将图像分割为32×32个小的图像区间，然后将每块区间中光强分量的最小值作为本区间新的光强分量值，接着将图像背景光强分量的矩阵调整到初始图像的大小，最后在初始图像中减去背景的光强分量矩阵，就完成了增强反射分量、削减光强分量的操作，可以对原棉图像中存在的光照不匀现象进行较好的调整，其具体操作步骤描述如下。

（1）首先进行对数运算操作，将乘法运算转换为加法运算，式（2-5）转换为下式：

$$\ln f(x,y) = \ln f_m(x,y) + \ln f_n(x,y) \qquad (2-6)$$

（2）接着进行傅里叶变换，将空域表达式（2-2）转换为频域表达式，即：

$$R(u,v) = R_m(u,v) \times R_n(u,v) \qquad (2-7)$$

（3）对$R(u, v)$进行同态滤波处理，即增强反射分量，削减光强分量，得到下式：

$$F(u,v) = H(u,v)R_m(u,v) \times H(u,v)R_n(u,v) \qquad (2-8)$$

（4）接着对完成增强处理后的 $F(u,v)$ 进行逆傅里叶变换操作（IFFT），使得频域表达式重新转换为空域表达式，得到下式：

$$\mathrm{IFFT}\big[F(u,v)\big]=\mathrm{IFFT}\big[H(u,v)R_{\mathrm{m}}(u,v)\big]\times\mathrm{IFFT}\big[H(u,v)R_{\mathrm{n}}(u,v)\big]$$

$$(2\text{-}9)$$

（5）最后进行对数运算的反运算即指数运算，得到最终调整后的图像表达式：

$$f'(x,y)=\mathrm{e}^{\mathrm{IFFT}[F(u,v)]}$$

$$(2\text{-}10)$$

以图 2-13 为例，将灰度化处理后的原棉杂质图像进行同态滤波处理来对其光照不匀现象进行调整，减少光照不匀对图像产生的影响。处理后的效果如图 2-13 所示，可以看出，图像整体的亮度得到调整，基本均匀分布，原图中存在的少量灰色块区域基本被消除，且图像细节保存完好。

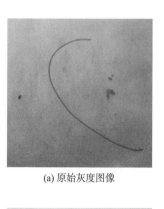

(a) 原始灰度图像

(b) 原始灰度图像频谱图

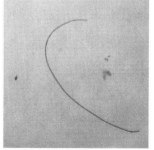

(c) 光照不匀调整后灰度图像

(d) 光照不匀调整后灰度图像频谱图

图 2-13　光照不匀调整对比效果图

2.3 图像处理技术原理及其实现

2.3.1 图像分割

进行图像分割的算法很多，根据其分割原理可以分为阈值分割算法、区域分割算法和边缘分割算法。其中阈值分割算法包括单阈值分割、多阈值分割和自适应阈值分割等多种算法。不同的分割算法之间不具备相通性，即不同的分割算法适用于不同的图像情况，没有一种完全统一的算法能够处理不同情况的图像，因此为了达到预设目标，需要对待处理图像的特点进行研究后，才能选取最适合的分割方法进行处理。

2.3.1.1 最大类间方差法（OTSU 算法）

在众多图像分割算法中，通过选择合适的阈值来将目标区域和背景进行分割是最常用、最方便的方法。OTSU 算法又称为最大类间方差法，它是一种自适应单阈值分割算法，通过类间方差最大这一方式来确定分割的阈值。OTSU 算法受图像亮度和对比度的影响较小，分割方法简单。假设待处理图像灰度级数为 L，分割阈值为 T，那么通过阈值 T 可以将图像分割为目标和背景两部分。假设目标和背景区域像素点所占的比例分别为 w_0 和 w_1，两块区域中像素点灰度平均值分别为 u_0 和 u_1。那么图像整体灰度的平均值 u 可以由这两部分计算得到，计算式为 $u = w_0 \times u_0 + w_1 \times u_1$，进而类间方差的计算式为：

$$\sigma^2 = w_0 \times (u_0 - u)^2 + w_1 \times (u_1 - u)^2 \tag{2-11}$$

将原图像的所有灰度值由小到大代入式（2-11）进行计算，当计算结果为最大值时，此时的灰度值就是最佳分割阈值 T。为了提高运算速度，可以将式（2-11）进一步简化为：

$$\sigma^2 = w_0 \times w_1 \times (u_0 - u_1)^2 \tag{2-12}$$

OTSU 算法操作简单，计算思路方便，特别是对具有双峰分布的直方图有很好的分割效果。以原棉杂质图像为例，OTSU 算法分割的效果如图 2-14 所示。

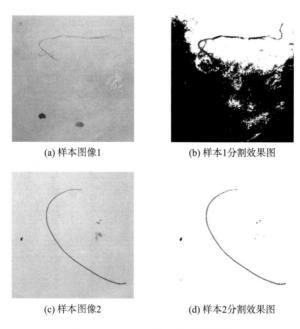

(a) 样本图像1　　　　　　　　　(b) 样本1分割效果图

(c) 样本图像2　　　　　　　　　(d) 样本2分割效果图

图 2-14　OTSU 算法分割效果图

2. 3. 1. 2　Canny 算法

Canny 算法是典型的基于边缘检测的分割方法，具有较大的信噪比和检测精度。Canny 算法也是一种双阈值算法，通过两个阈值来进行分割的综合判定，具体处理过程如下。

（1）高斯滤波平滑处理。

（2）计算滤波后图像的梯度幅值以及梯度向量。

（3）进行非极大值抑制操作，剔除非极大值的像素点。

（4）确定高、低阈值并结合连接分析方法确定图像最终的边缘。

Canny 算法中阈值的大小需要人为进行设定，而阈值的选取是一个很复杂的过程，不仅需要经验来确定一个大概的取值区间，还需要对选取的区间进行多次的实验才有可能确定合适的阈值，而且算法中高、低阈值之间是固定的倍数关系。而在人工阈值选取的过程中，如果选取的阈值较高，那么提取到的边缘可能存在断裂、不完整的现象；如果选取的阈值较低，则提取的结果会造成较大的误判，严重的甚至会将噪声像素点当作边缘像素点进行提取，使得目标区域的外轮廓完全改变。而且对于不同的图像，在处理过程中同一组阈值的设定可能无法完全适用，即一组阈值能够较好地提取其中一副图像的边缘，但是在另一幅图像中则不适用，这样会增加不必要的工作量。图 2-15 为高阈值分别取不同的值时，传统 Canny 算法的分割效果图，低阈值设置为高阈值的 0.4 倍。

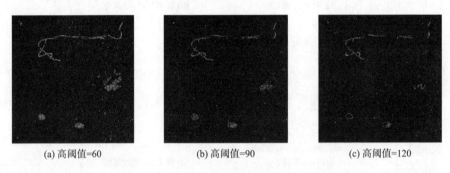

(a) 高阈值=60   (b) 高阈值=90   (c) 高阈值=120

图 2-15　不同阈值的 Canny 算法边缘提取效果图

从图 2-15 中可以看到，在高阈值的取值为 60 时，图像中杂质的外轮廓能较好地提取出来，但是存在大量的伪边缘，而且部分噪声被误判为体积较小的杂质。当高阈值的取值为 90 时，面积较小的杂质区间能够完整提取轮廓，提取效果较好，也存在少量的伪边缘，但是塑料绳杂质的轮廓已经开始出现明显的断裂。随着高阈值取值的继续增大，小面积杂质的轮廓伪边缘减少，同时也出现边缘断裂现象，而当高阈值取到 120 时，边缘出现大量的断裂，图像信息大量丢失。

2.3.1.3　改进的自适应 Canny 算法

为了解决这一难题，本节将 OTSU 算法与 Canny 算法相结合，将 OTSU 算法中最大类间方差的思想引入 Canny 算法中进行改进。可以将 Canny 算法中经过非极大值抑制后的图像中的像素点分为三类，分别将其标记为 E_1、E_2、E_3。其中 E_1 表示原图中的非边缘像素点，设其包含梯度幅值区间 $[t_1, t_x]$，在此区间内所有像素点的梯度幅值小于低阈值；E_2 表示原图中待确认的像素点，包含梯度幅值区间 $[t_{x+1}, t_k]$，此区间所有梯度幅值处于高、低阈值之间，需要进一步判断其是否属于边缘点；E_3 表示原图中确定的边缘点，包含梯度幅值区间 $[t_{k+1}, t_z]$，此区间所有梯度幅值大于高阈值。将原图中总的像素数记为 N，将灰度梯度值记为 t_i，对应的像素数记为 n_i，则其概率可以表示为：

$$p_i = n_i/N \qquad i = 1,2,\cdots,z$$

则原图的梯度幅值期望值为：

$$E_t = \sum_{i=1}^{z} t_i \times p_i$$

E_1、E_2、E_3 的梯度幅值期望分别为：

$$
\begin{cases}
e_1 = \dfrac{\sum\limits_{i=1}^{x} t_i \times p_i}{\sum\limits_{i=1}^{x} p_i} \\[3em]
e_2 = \dfrac{\sum\limits_{i=x+1}^{k} t_i \times p_i}{\sum\limits_{i=x+1}^{k} p_i} \\[3em]
e_3 = \dfrac{\sum\limits_{i=k+1}^{z} t_i \times p_i}{\sum\limits_{i=k+1}^{z} p_i}
\end{cases}
$$

同时定义：

$$
\begin{cases}
p_1 = \sum\limits_{i=1}^{x} p_i \\[2em]
p_2 = \sum\limits_{i=x+1}^{k} p_i \\[2em]
p_3 = \sum\limits_{i=k+1}^{z} p_i
\end{cases}
$$

则可以将评价函数表示为：

$$\sigma^2 = \sum_{h=1}^{3} (e_h - E_t)^2 \times p_h$$

通过搜索计算当评价函数 σ^2 取值最大时，将所对应的 u_k、p_k 分别设定为改进后 Canny 算法的高、低阈值。改进后的 Canny 算法弥补了传统 Canny 算法的需要人为预设高、低阈值和大量重复试验的缺点，且高、低阈值之间不再是固定的倍数关系，提高了其实用性。通过改进后 Canny 算法对原棉杂质图像进行边缘提取，提取的轮廓连续且完整，效果如图 2-16 所示。

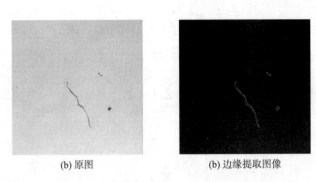

<table>
<tr><td>(b) 原图</td><td>(b) 边缘提取图像</td></tr>
</table>

图 2-16　改进后 Canny 算法边缘提取效果图

2.3.2　特征参数的提取

特征值提取是纤维自动检测的核心部分。特征值的提取是将棉与亚麻纤维的外观特征用数学的方式表达成量化参数，记为棉与亚麻纤维的某一特征值参数。

2.3.2.1　直径特征值提取

通过对棉与亚麻纤维外观形态的观察，可以明显地发现，棉与亚麻纤维在直径的变化上具有一定的差异。由于棉纤维的天然转曲，其直径变化较大，而亚麻纤维的直径变化较小，因此可以通过提取直径的特征值，对棉与亚麻纤维进行区分识别。

麻的种类繁多，而亚麻作为麻类中较细的品种，若直接提取亚麻直径作为特征值与棉纤维进行区分并不可靠，因为棉与亚麻纤维的直径分布的区间大致相同，所以单纯依靠直径无法识别出棉与亚麻纤维。但棉纤维具有天然转曲，通过观察可以发现棉纤维的直径变化较大，而亚麻纤维的直径变化较小。直径比是指在棉与亚麻纤维中，最大直径与最小直径的比值，计算式如下：

$$\beta = \frac{D_{\max}}{D_{\min}}$$

其中：β 为直径比；$D_{\max}$ 为纤维的最大直径；$D_{\min}$ 为纤维的最小直径，其单位为像素。

直径标准差是指直径方差的平方根，由于方差的误差较大，因此选用直径标准差作为纤维直径特征值。直径标准差反映了棉与亚麻纤维直径的离散程度，可以直观的表达出棉与亚麻纤维的直径变化。纤维直径标准差的计算式如下：

$$\sigma(r) = \sqrt{\frac{1}{N} \sum_{i=1}^{N} (x_i - r)^2}$$

其中：$\sigma(r)$ 为纤维直径标准差；N 为统计的纤维直径数量；x_i 为每一次统计的纤维直径大小；r 为纤维直径的平均值。

2.3.2.2　扭曲度特征值提取

扭曲度即为纤维骨架的扭曲程度，为纤维轮廓上某两个像素点之间的弦长比，通过观察棉与亚麻纤维的外轮廓图像以及直径特征值的比较分析，发现棉纤维具有天然转曲，亚麻纤维笔挺竖直。因此棉纤维的扭曲度应与亚麻纤维的扭曲度有较大差异，可以作为纤维特征值提取出来，通过扭曲度特征值进行分析对比，自动检测区分棉与亚麻纤维。由于棉纤维的直径变化在直径方向是由大变小再由小变大周而复始，因此棉纤维有多个扭曲度特征值可以提取。而亚麻纤维的直径变化较小，其扭曲度特征值的提取通常只需提取一次，因此在扭曲度特征值的提取方法上，亚麻纤维大多可只进行一次提取，而棉纤维需进行多次提取再进行计算。

亚麻纤维的扭曲度特征值较容易提取，扫描纤维图像的轮廓边缘，提取左侧纤维轮廓的第一横行的第一个白色像素点和最后横行的第一个白色像素点，连接两个像素点后得到线段 L_1，沿图像左侧边缘画出光滑弧线 L_2，L_1 与 L_2 的单位均为像素，则亚麻纤维的扭曲度 N_1 可通过下式得到：

$$N_1 = \frac{L_1}{L_2}$$

同理，扫描纤维图像的右侧像素点，即可得到亚麻纤维图像右侧的扭曲度 O_2。本文选取最大扭曲度和平均扭曲度作为扭曲度的特征值，则亚麻纤维的最大扭曲度可表示为：

$$N_{max} = \{ N_1, N_2 \}_{max}$$

亚麻纤维的平均扭曲度可表示为：

$$\overline{N} = \frac{N_1 + N_2}{2}$$

2.3.3　傅里叶变换

傅里叶变换是一种复数变换，它把图像从空域转换到频域空间，然后在频域中分离周期性成分和非周期性成分，继而通过低通滤波器滤波，滤除对应频率域中周期性成分的纹理信息即高频信号，对这些信息滤除后，再利用傅里叶反变换，重构毛球信息，得到去除织物纹理后的毛球图像，从而实现毛球和织物纹理的分离。二维离散傅里叶变换及其反变换的数学表达式如下：

$$F(u,v) = \sum_{x=0}^{N-1} \sum_{y=0}^{N-1} f(x,y) \, e^{-j2\pi/N(ux+vy)} \qquad n = 0,1,2,\cdots,N-1$$

$$f(x,y) = \frac{1}{N^2} \sum_{x=0}^{N-1} \sum_{y=0}^{N-1} f(u,v) \, e^{-j2\pi/N(ux+vy)} \qquad n = 0,1,2,\cdots,N-1$$

其中：$f(x, y)$ 是数字图像；x、y 是空间域中图像的横坐标和纵坐标；$F(u, v)$ 是频域图谱，通常 $F(u, v)$ 是两个实频变量 u 和 v 的复值函数，频率 u 对应 x 轴，频率 v 对应于 y 轴。

通过傅里叶变换滤除织物纹理方法的优点是处理速度快，但其灵活性和适应性相对较差，滤波半径难以掌控，且结果不够精确。

2.3.4　小波变换

小波变换技术因其在时域和频域内良好的局部特性，作为一种变换域的信号处理方法，广泛应用于信号处理和图像处理领域。小波变换克服了傅里叶变换只能在一个分辨率上进行信号分析的缺陷，它具备多分辨率分析信号的特性，能在时域和频域内表征信号的局部信息，其频率窗和时间窗都可以按照信号的具体情形来进行动态的调整。通常情况下，在信号较平稳的低频部分，其时间分辨率可以较低，而选择较高的频率分辨率；相反，在频率变化较小的高频部分，可以采用降低频率分辨率的方式使时域信息更精确。因此，小波分析可以用来检测正常平稳信号中的突变反常信号，并显示出其频率信息。由于小波变换中引入了尺度因子，所以具有视野随着分析频率降低而自动放宽的特点，可以在不同尺度上对织物图像进行分解，并且可以将交织在一起的各种不同频率成分的混合信号分解为不同频率区域的块信号，因而能有效地用于纹理识别。采用小波变换可以在不同尺度和不同方向上分析织物图像，处理不同尺度的纹理信息。

小波变换分析用于起球织物纹理滤除的一般步骤如下。

（1）对起球织物图像进行小波分解。选择合适的小波基和分解层次 J，然后对起球织物图像进行 J 层分解。

（2）对分解后的织物纹理和毛球层次进行分析、提取。

（3）分别对织物纹理和毛球图像进行小波重构，即得到分离的毛球和纹理图像。小波变换分析是通过对一个基本的小波基函数 $y(t)$ 作位移，再求其在不同尺度下与分析信号 $f(x)$ 的内积：

$$\mathrm{DWT}_j(j,k) = \frac{1}{2^j}\int_{-\infty}^{+\infty} f(x)\overline{\psi(2^{-j}x-k)}\mathrm{d}x \qquad j,k \in z$$

对于数字图像的二维小波分解可表示为：

$$C_j(m,n) = \sum_{k_1 \in z}\sum_{k_1 \in z} h_{k_1-2m}h_{k_2-2n}C_{j-1}(k_1,k_2)$$

$$D_j^1(m,n) = \sum_{k_1 \in z}\sum_{k_1 \in z} h_{k_1-2m}g_{k_2-2n}C_{j-1}(k_1,k_2)$$

$$D_j^2(m,n) = \sum_{k_1 \in z}\sum_{k_1 \in z} g_{k_1-2m}h_{k_2-2n}C_{j-1}(k_1,k_2)$$

$$D_j^3(m,n) = \sum_{k_1 \in z}\sum_{k_1 \in z} g_{k_1-2m}h_{k_2-2n}C_{j-1}(k_1,k_2)$$

其中：$C_j(m,n)$ 是 j 层低频分量（LL）；$D_j^1(m,n)$ 是 j 层水平方向的高频细节分量（HL）；$D_j^2(m,n)$ 是 j 层垂直方向的高频细节分量（LH）；

$D_j^3(m, n)$ 是 j 层对角线方向的高频细节分量（HH）；h_k 为低通滤波器；g_k 为高通滤波器。

可见，图像 $f(x)$ 的小波分解过程就是通过低通滤波器 h_k 和高通滤波器 g_k，将图像分解为不同频率的子图像。在变换的每一层，图像被分解成 4 个 1/4 大小的图像，分别为 1 个低频的近似图像 $C_j(m, n)$ 和 3 个高频的子图 [水平细节图像 $D_j^1(m, n)$、垂直细节图像 $D_j^2(m, n)$ 以及对角细节图像 $D_j^3(m, n)$]。每个子图像代表原图像中的一部分信息，图 2-17 所示为小波分解和重构过程。

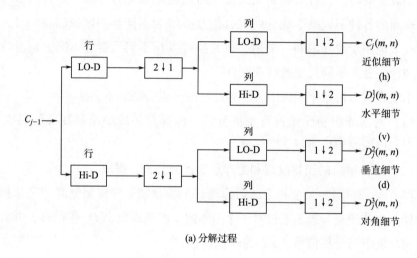

(a) 分解过程

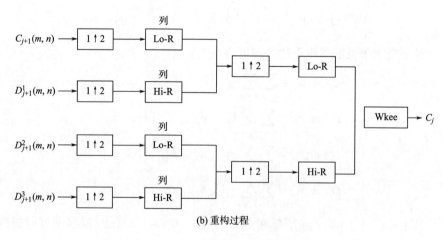

(b) 重构过程

图 2-17　二维小波分解和重构过程

由小波分解的理论可知，用小波分析来处理织物图像，就是用小波滤波器与织物图像的二维离散信号即二维灰度矩阵进行卷积运算，即对织物图像进行小波分解。对织物图像的小波分解方法主要有多尺度分解、Mallat 分解和自适应小波分解等。

2.3.5　BP 神经网络

BP 神经网络由输入层、中间层和输出层构成，它通过训练样本和训练函数对整个网络模型进行不断的训练，使网络持续地调节其权值和阈值矩阵，以获得最优性能神经网络模型参数，最终逼近训练样本的输入与输出的对应关系。输入样本利用预先设定好的初始权值和阈值逐步向后求取各层神经元对应的权值、阈值及输出矩阵，训练函数通过依次计算每层实际输出与理论输出的差值，并根据差值的大小来反馈调整各层神经元的权值和阈值，最后使得误差趋近于最小。BP 神经网络的结构原理如图 2-18 所示，图 2-18 所示为一个典型的三层 BP 网络结构图，该网络模型的结构简单、可实现性强并有良好的可扩展性。标准 BP 神经网络的训练过程主要包括输入信息的正向传播和误差信号的反向传播两个阶段，当学习样本输入神经网络后，便开始沿着输入层、隐藏层、输出层的方向进行正向传递，根据每层的权重和偏置向量，最后得到实际输出。

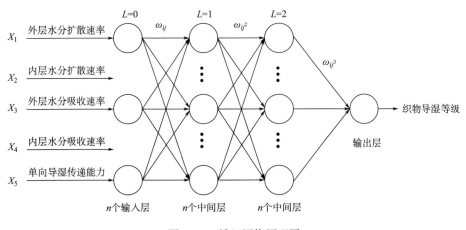

图 2-18　神经网络原理图

2.3.6 卷积神经网络

在目标检测领域，卷积神经网络结合了普通神经网络的思想和人眼视觉的感受范围。一般认为，人的眼睛在观看一幅画或者一处景象时，并不是对视野内所有的事物都保持同样的关注度，而是会随着视线扫描来具体认识或辨别某样事物。视线扫描的区域被称作感受野，感受野的大小也通常用来表示卷积神经网络中卷积核的大小。经典的卷积神经网络如 LeNet-5 在 1998 年被提出用来识别手写字，其具体结构如图 2-19 所示。

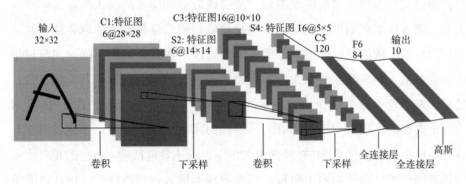

图 2-19　LeNet-5 网络结构

图 2-19 中，第一层为输入图像，第二层为卷积层，第三层为池化层，第四层为卷积层，第五层为池化层，后面三层都为全连接层。

卷积的原理是利用卷积核在图像上滑动，并与图像上卷积区域内的所有数值进行内积和来求值，卷积计算过程如图 2-20 所示。

原图像经过卷积后所得的图像一般称作特征图，这也是卷积神经网络与传统目标检测以及传统神经网络的区别。获取特征信息不再需要人为设计的特征模板，而是由图像上所有的像素点和信息来组成，这样的特征图拥有更强的语义信息和上下关联信息，在目标检测任务上可以有更高的精确度。

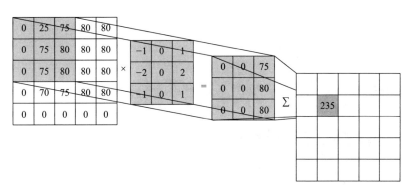

图 2-20 卷积原理

第3章

图像处理技术在纤维检测中的应用

3.1 基于图像处理技术的棉/麻纤维种类的识别

随着计算机视觉和人工智能的迅速发展，基于图像处理技术的纤维种类识别应用取得了显著的进展。图像处理技术的核心思想是利用计算机对纤维图像进行分析，从中提取特征并进行分类，从而实现纤维种类的自动识别。

3.1.1 纤维图像的采集

3.1.1.1 纤维图像采集的仪器

选用 Olympus 公司的 BX53 型号的显微镜进行纤维的观察采样。BX53 型显微镜可进行数据传输、实时自动记录和保存数据，如图 3-1 所示。

3.1.2 纤维图像的预处理

在提取特征值之前，为了避免光照不匀、

图 3-1　Olympus BX53 型显微镜

噪声等因素的影响，对纤维图像进行光照不匀处理和噪声消除等前处理，便于特征值的提取。

3.1.2.1 图像的灰度化处理

灰度化处理方法有三种，分别为最大值法、均值法和加权平均值法。本节选用加权平均值法对棉与亚麻纤维进行灰度化处理，处理后的图像如图 3-2 所示。

3.1.2.2 图像的噪声消除

噪声消除的方式一般有均值滤波和中值滤波。本文采用中值滤波进行噪声消除，它可以消除独立的颗粒噪声以及很好地保护图像边缘，有利于后续的特征值提取，如图 3-3 所示。

(a) 棉纤维　(b) 亚麻纤维　　　(a) 原图像　(b) 添加椒盐　(c) 3×3模板中
　　　　　　　　　　　　　　　　　　　噪声图像　　值滤波

图 3-2　灰度化处理后的棉与亚麻纤维　　　图 3-3　亚麻纤维图像去除噪声后图像

3.1.2.3 图像的增强处理

通过改变纤维图像的直方图来进行图像的增强处理是比较常用的方法，因此本文采用直方图对图像进行增强处理，如图 3-4 所示。

3.1.2.4 图像的二值化

为进一步提升棉与亚麻纤维的图像预处理的效率，同时为了后续的边缘轮廓提取与修补操作，需要将纤维灰度图像转化为二值图像。

本文采用最大类间方差法（OTSU 算法）将纤维图像分割为目标图像与背景图像，将背景图像与疵点图像分离开来，从而达到疵点检测的目的，如图 3-5 所示。

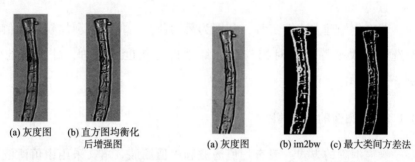

(a) 灰度图　(b) 直方图均衡化　　　　(a) 灰度图　　(b) im2bw　(c) 最大类间方差法
　　　　　　后增强图

图 3-4　纤维直方图均衡化后的增强图　　　　图 3-5　纤维二值化后图像

改进的 OTSU 算法与传统的相比节省了大量的时间，不需要历遍 0~256 所有灰度值。通过图 3-6 中亚麻纤维的灰度直方图可以清楚地发现，灰度分布大多数集中于 180~210，因此可以提高 OTSU 算法的计算速度，达到纤维图像自动检测对高效识别的要求。

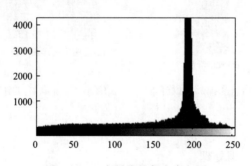

图 3-6　亚麻纤维的灰度直方图

3.1.2.5　图像的偏斜矫正

由于采集图片中纤维是无序排列的，这对纤维识别有极大的干扰，因此可以通过识别棉/亚麻纤维在整个图像中的最大横行数与最小横行数中的像素所在列的大小，来判断纤维的倾斜角度，计算式如下：

$$\alpha = \arctan\left|\frac{C_1 - C_2}{R_1 - R_2}\right| \qquad (3-1)$$

其中：α 为倾斜角度；C_1 为最大横行数所在的列的大小；C_2 为最小横行数所在列的大小；R_1 为最大横行数；R_2 为最小横行数。纤维图像的旋转方向由最大横行数所在列的大小决定，当 $C_1 > C_2$ 时，纤维图像沿逆时针方向旋转 α 度，否则相反。

将棉/亚麻纤维图像旋转 α 度后，纤维图像处于竖直状态，如图 3-7 所示。

 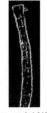

(a) 棉纤维　　(b) 亚麻纤维

图 3-7　棉与亚麻纤维进行偏斜矫正后的图像

3.1.3　纤维外轮廓的提取与修补

在纤维图像中，对纤维图像进行外轮廓提取时，需要保存完整的轮廓图像，去除纤维内部图像及背景疵点图像。同时需要对纤维的外轮廓图像进行修补，以保证图像的完整性。

3.1.3.1　改进的 Canny 算子边缘检测

上文通过改进的 OTSU 算法已经完成了自适应的阈值分割，因此在边缘检测环节，Canny 算法可以简化阈值设定环节。通过二值化进行阈值设定，可获得自适应的阈值，如图 3-8 所示。

由图 3-8 可知，纤维边缘图像没有提取好且外轮廓不连续，因此需要与形态学运算相结合，以去除影响纤维图像的噪声，同时修补纤维外轮廓，使纤维图像呈连续状态。

3.1.3.2　外轮廓的提取与修补

用计算机对棉/亚麻纤维的二值图像进行扫描，从图像左上角的第一个像素点开始按由左至右、由上至下的顺序进行，并记录下第一个扫描到的白色像素点，可以得到纤维的左侧外围轮廓。采用相同方法，由右至左、由上至下扫描，并记录下第一个扫描到的白色像素点，可以得到纤维的右侧外围轮廓。将两侧轮廓拼接，可得到完整的外围轮廓图，如图 3-9 所示。

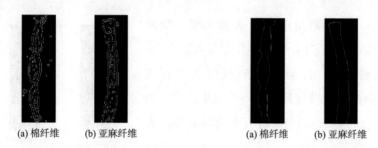

| (a) 棉纤维　　(b) 亚麻纤维 | (a) 棉纤维　　(b) 亚麻纤维 |

图 3-8　Canny 算法边缘检测后图像　　　图 3-9　棉与亚麻纤维提取修补后的图像

3.1.4　纤维图像特征参数的提取

棉与麻的特征分为两种，一种是棉与麻纤维的固有特征，另一种是基于计算机统计出来的特征。通过统计学比较，对特征值参数设定阈值，从而完成棉与亚麻纤维的自动检测。

3.1.4.1　直径特征值的提取

由于棉纤维具有天然转曲特性，其直径变化较大，而亚麻纤维的直径变化较小，因此可以通过提取直径作为特征值对棉与亚麻纤维进行区分。

（1）直径特征值的提取方法。直径特征值的提取方法通常分为两种：中轴变换法和直接计算法。本文采用直接计算法，直接计算两个对应点之间的距离作为纤维的直径。

（2）直径特征值的计算。本文提取了直径比与直径标准差两个直径特征值。直径比是指在棉与亚麻纤维中，最大直径与最小直径的比值，计算式如下：

$$\beta = \frac{D_{\max}}{D_{\min}} \tag{3-2}$$

其中：β 为直径比；$D_{\max}$ 为纤维的最大直径；$D_{\min}$ 为纤维的最小直径，其单位为像素。

直径标准差是指直径方差的平方根，反映了棉与亚麻纤维直径的离散程度，选用直径标准差作为纤维直径特征值，可以直观地表达出棉与亚麻纤维的直径变化。纤维直径标准差 $\sigma(r)$ 的计算式如下：

$$\sigma(r) = \sqrt{\frac{1}{N}\sum_{i=1}^{N}(x_i - r)^2} \qquad (3-3)$$

其中：N 为统计的纤维直径数量；x_i 为每一次统计的纤维直径大小；r 为纤维直径的平均值。

（3）棉与亚麻纤维直径特征值的比较。根据计算机统计结果，分别计算出棉纤维和亚麻纤维的直径比和直径标准差，棉与亚麻纤维的直径比和直径标准差的对比如图 3-10 和图 3-11 所示。

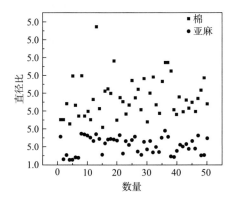

图 3-10　棉与亚麻纤维的直径比　　　图 3-11　棉与亚麻纤维的直径标准差

设置直径比的特征值的自适应阈值 T_a 与直径标准差的特征值的自适应阈值 T_b 来区分棉与亚麻纤维。通过观察分析，直径比特征值参数大于 T_a 为棉纤维，小于 T_a 为亚麻纤维。

3.1.4.2　扭曲度特征值的提取

棉纤维纵向天然转曲，亚麻纤维纵向笔挺竖直，因此扭曲度可以作为纤维的特征值。

（1）扭曲度特征值的提取方法。由于棉纤维的直径变化较大，而亚麻纤维的直径变化较小，因此在扭曲度特征值的提取方法上，亚麻纤维大多只需进行一次提取，而棉纤维需进行多次提取才能进行计算。亚麻纤维的扭曲度可通过下式得到：

$$N_1 = \frac{L_1}{L_2} \tag{3-4}$$

亚麻纤维的平均扭曲度为：

$$\overline{N} = \frac{N_1 + N_2}{2} \tag{3-5}$$

棉纤维的扭曲度为：

$$N'_1 = \frac{L'_1}{L'_2} \tag{3-6}$$

棉纤维的平均扭曲度为：

$$\overline{N'} = \frac{\sum\limits_{m=1}^{N} N_{m'}}{m} \tag{3-7}$$

棉纤维的最大扭曲度为：

$$N'_{max} = \{ N'_1, \cdots, N'_m \} \max \tag{3-8}$$

(a) 亚麻纤维　(b) 棉纤维

图 3-12　棉与亚麻纤维的扭曲度

亚麻纤维与棉纤维的扭曲度表示方法如图 3-12 所示。

（2）棉与亚麻纤维扭曲度特征值的比较。本文章节中选取了整体充满度和充满度标准差作为充满度的特征值，整体充满度即为一个纤维图像的充满度大小；充满度标准差指的是充满度的方差的平方根。随机选取 10 幅棉纤维图像与 10 幅亚麻纤维图像的直径特征值参数见表 3-1 和表 3-2。

表 3-1　棉与亚麻纤维的整体充满度的特征值参数

纤维种类	1	2	3	4	5	6	7	8	9	10
棉纤维	0.26	0.30	0.23	0.41	0.24	0.39	0.46	0.33	0.32	0.36
亚麻纤维	0.89	0.91	0.69	0.67	0.92	0.85	0.82	0.81	0.78	0.66

表 3-2　棉与亚麻纤维的充满度标准差的特征值参数

纤维种类	1	2	3	4	5	6	7	8	9	10
棉纤维	0.16	0.20	0.24	0.22	0.19	0.18	0.21	0.24	0.26	0.17
亚麻纤维	0.12	0.04	0.03	0.06	0.05	0.04	0.10	0.03	0.02	0.09

3.1.4.3 特征值归一化处理

归一化处理是指将特征值参数按一定的比例缩小，使其数据范围映射在 [0，1] 内。本文选取 6 个特征值进行区分识别，分别为平均扭曲度、最大扭曲度、直径标准差、直径比整体充满度和充满度标准差。随机抽取 10 个棉纤维与 10 个亚麻纤维，其归一化后的特征值参数见表 3-3 和表 3-4。

表 3-3 棉纤维归一化后的特征值参数

序号	平均扭曲度	最大扭曲度	直径标准差	直径比	整体充满度	充满度标准差
1	0.0704	0.3262	0.5093	0.2620	0.2719	0.4400
2	0.2293	0.1742	0.5071	0.3098	0.3919	0.1358
3	0.0237	0.2285	0.2103	0.5896	0.1442	0.2582
4	0.5119	0.2492	0.4192	0.1367	0.7519	0.2258
5	0.2121	0.2278	0.2122	0.2939	0.1752	0.0840
6	0.1072	0.2711	0.2424	0.0426	0.9516	0.1022
7	0.5119	0.2070	0.0702	0.1659	0.1752	0.0839
8	0.1072	0.0936	0.0431	0.4528	0.6798	0.4919
9	0.1522	0.0099	0.4004	0.5919	0.0479	0.1936
10	0.2721	0.2014	0.5078	0.2435	0.2609	0.3749

表 3-4 亚麻纤维归一化后的特征值参数

序号	平均扭曲度	最大扭曲度	直径标准差	直径比	整体充满度	充满度标准差
1	0.7904	0.3046	0.7525	0.5618	0.4183	0.3004
2	0.0092	0.2304	0.0091	0.0841	0.6418	0.5665
3	0.1553	0.5603	0.0271	0.2704	0.5449	0.1557
4	0.7889	0.6119	0.2650	0.4155	0.8652	0.0408
5	0.0659	0.7810	0.3874	0.0713	0.1375	0.1518
6	0.8906	0.4800	0.0996	0.5457	0.9965	0.0582
7	0.8704	0.9409	0.8216	0.3461	0.0478	0.2771
8	0.8373	0.2745	0.3466	0.6983	0.2227	0.9598
9	0.7599	0.4378	0.9563	0.7781	0.0405	0.0451
10	0.6395	0.3742	0.9527	0.5804	0.1023	0.4114

3.1.4.4 特征值相关性分析

选择简单相关性系数 R 进行计算分析，其计算式如下：

$$R(x, y) = \frac{\text{cov}(x, y)}{\sqrt{\text{var}[x]\text{var}[y]}} \tag{3-9}$$

其中：x 为特征值参数；y 为纤维种类；R (x, y) 为 x 与 y 的协方差；var $[x]$ 与 var $[y]$ 为 x 与 y 的方差。可以计算出 6 个特征值参数与棉/亚麻纤维种类之间的相关性，见表 3-5。

表 3-5 各特征值与纤维种类之间的相关系数

纤维种类	平均扭曲度	最大扭曲度	直径标准差	纤维直径比	整体充满度	充满度标准差
棉纤维	0.91	0.92	0.93	0.91	0.93	0.94
亚麻纤维	0.96	0.95	0.92	0.92	0.94	0.95

在相关性分析中，本文只选取 $R>0.8$ 的相关性系数，由表 3-5 的统计可知，6 个特征值均可作为棉/亚麻纤维自动识别检测的可靠依据。

3.1.5 神经网络训练

本文采用神经网络进行计算分析，设第 k 个输入样本为 x (k)，最大学习次数为 M，对应的输出值的期望值为 d (k)，则此时的误差函数为：

$$e(k) = d(k) - x(k) \tag{3-10}$$

其中学习速率为 0.5，目标函数 E 为：

$$E = \frac{1}{2M}\sum_{k=1}^{M}\sum_{o=1}^{q}[d_0(k) - y_0(k)]^2 \tag{3-11}$$

其中：M 为最大学习次数；k 为输入样本；q 为 k 的范围上限；d_0 (k) 为对应的输出值的期望值；y_0 (k) 为第 k 个输入样本。

经过归一化后的特征值参数均在 [0，1] 范围内，与 Log-Sigmoid 型函数的定义域吻合，因此在输入层与隐含层的传递过程中，选择 Log-Sigmoid 型函数作为激活函数 $f_1(x)$ 进行传递，则：

$$f_1(x) = \frac{1}{1 + e^{-x}} \quad [0 < f(x) < 1] \tag{3-12}$$

提取直径比、直径标准差、最大扭曲度、平均扭曲度、整体充满度和充满度标准差这 6 个特征值，输出层输出结果为棉或亚麻纤维。经过 BP 神经网络训练后，其自动检测识别的结果见表 3-6。

表 3-6　经 BP 神经网络训练后的棉/亚麻纤维识别结果

纤维种类	识别正确数/次	识别总数/次	正确率	用时/s
棉	369	388	95.1%	124.4
亚麻	348	371	93.8%	113.5

由表 3-6 可以得出，经由 BP 神经网络训练后的棉和亚麻自动检测系统，具有较高的识别正确率和识别速度，可以代替传统的显微镜识别法，应用于实际的纤维检验工作中，从而提高工作效率。

3.1.6　棉/麻纤维混纺比测量的方法

（1）混纺比的测定。基于棉/亚麻纤维自动检测系统，可以通过混纺比的计算式计算纱线的混纺比，从而提高纤维检验机构对混纺比测定的工作效率，大大降低成本。

（2）混纺比的测定方法。选用纵向直径—根数法来计算棉/亚麻混纺纱线的混纺比。计算式如下：

$$P_1 = \frac{n_1 d_1^2 \gamma_1 k_1}{n_1 d_1^2 \gamma_1 k_1 + n_2 d_2^2 \gamma_2 k_2} \times 100\% \qquad (3-13)$$

$$P_2 = (100 - P_1) \times 100\% \qquad (3-14)$$

其中：P_1 为棉纤维在混纺纱中的质量百分率；P_2 为亚麻纤维在混纺纱中的质量百分率；n_1 为棉纤维的纤维根数；n_2 为亚麻纤维的纤维根数；d_1 为棉纤维的平均直径（mm）；d_2 为亚麻纤维的平均直径（mm）；γ_1 为棉纤维的纤维密度（g/cm³）；γ_2 为亚麻纤维的纤维密度（g/cm³）；k_1 为棉纤维的形状修正系数；k_2 为亚麻纤维的形状修正系数。

（3）基于图像处理的棉/亚麻纤维自动检测系统的混纺比测定结果。本文选用混纺比为 70/30 的棉/亚麻纱线。经结果统计可得出此次棉与亚麻纤维的平均直径，见表 3-7。

表3-7 棉与亚麻纤维的平均直径

纤维种类	平均直径/μm
棉纤维	16.8
亚麻纤维	14.3

经过神经网络训练后的棉/亚麻纤维自动识别检测系统，可以完成棉与亚麻纤维的自动识别，随机提取1500根纤维样本进行自动识别检测，结果见表3-8。

表3-8 自动识别的纤维根数

纤维种类	纤维根数/根
棉纤维	1062
亚麻纤维	438

通过棉/亚麻纤维自动检测系统统计后，本节选用的纤维样本的测量误差为0.8%，符合检测标准。而传统的通过显微镜的人眼识别法，其误差达到2%~10%，需要经过反复检测才能达到检测的目的。

3.2 基于图像处理技术的原棉异纤检测

原棉异纤检测的步骤包括图像的采集与预处理、图像的分割以及图像边缘修补，具体操作在第2章已有详细叙述，本小节重点介绍纤维和异纤图像的识别。

不同杂质之间想要进行分类，必须找到合适的特征参数对其进行描述，通过特征值的差异来对其进行识别。颜色、形状和纹理是描述目标最常用的特征，但由于杂质种类多而杂，即使是同一种类型的杂质，其颜色、形状或者纹理上也会存在很大差异，因此很难通过使用某一种特征来区分不同的棉花杂质。本文选取了头发丝、羽毛、塑料绳、壳叶类杂质和小型棉结五类最常见的棉花杂质来进行试验。

3.2.1　颜色特征

颜色特征是图像处理过程中应用最为广泛的视觉特征之一，也是用来区分棉花杂质种类的一种较常用的重要特征。大部分杂质在颜色上与棉花都存在较大差异，不同种类的杂质之间通常也存在一定的差异。采用不同的彩色空间模型，可以得到不同的颜色特征表示参数。本节选用最常用的 RGB 颜色模型和感知均匀的 CIE Lab 颜色模型来同时进行杂质颜色特征参数的提取。

为了更加直观地展示出各种杂质所提取的颜色特征参数值的分布关系，将提取到的数据做成散点图进行观察，其大致分布区间如图 3-13~图 3-15 所示。

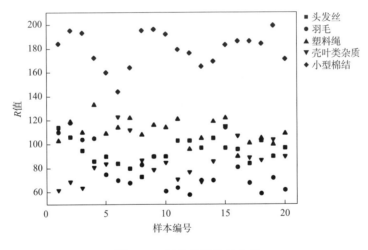

图 3-13　五种杂质的 R 分量

3.2.2　形状特征

（1）宽长比。宽长比是指杂质图像轮廓的最小外接矩形宽度与长度的比值。原棉中杂质的形状是多种多样且难以预测的，因此很难找到一个参数来准确地表征杂质的具体形状。选择杂质的宽长比来对其大概形状进行表征，仅表示为当宽长比小于某个特定数值时，杂质的形状为细长状，而不进行细

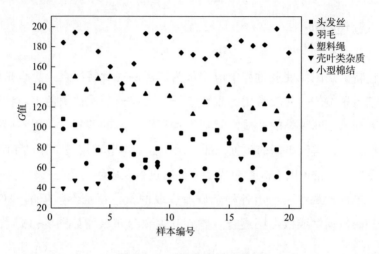

图 3-14　五种杂质的 G 分量

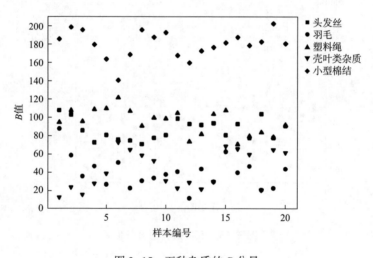

图 3-15　五种杂质的 B 分量

致的表征。

　　（2）矩形充满度。宽长比的数值可能与实际情况存在较大偏差，而不选作原棉杂质类型识别的特征值。同样是以最小外接矩形为基础，矩形充满度反应的是目标图像区域在其最小外接矩形中的填充程度，所以即使存在挤压或者弯曲现象，也能较为真实地反映出杂质的形状特征。矩形充满度是指图像中杂质所占的像素点个数与最小外接矩形所占像素点数的比值，其数值能大致反应杂质的形状。所提取的杂质矩形充满度的值越接近 1 表示最小外接矩形被填充的区域越多，说明这种杂质的形状越接近矩形。当然这种矩形的描述也只是一个大致的区分，可以是细而长的矩形，也可以是长宽相近的矩形。

（3）离心率。目标区域离心率定义为与其最小外接矩形具有相同标准二阶中心矩椭圆的离心率。离心率反映的也是目标区域的大致形状，其取值区间为 [0，1]，"0" 表示提取目标的形状是标准的圆形，"1" 表示提取目标的形状是标准的线段，所以离心率的值越大表示提取目标的形状越细长。

（4）面积周长比。面积周长比是指目标区域的面积（即目标区域所占像素点的总数）与区域周长的比值。在本节中使用 "8" 方向链码描述目标区域的周长。面积能够较好地反映目标区域的大小属性，周长则能较好地反映目标区域的长度属性，二者的比值能够较好地描述杂质所具有的形状特征。

3.2.3　特征分类

通过前面的研究和对数据的比较，选取四个特征值参数，包括 Lab 色彩空间的 L 分量值和 RGB 色彩空间的 B 分量值这两个颜色特征参数，以及离心率和面积周长比这两个形状特征参数。通过综合比较颜色特征中 L 分量值和 B 分量值的分布关系，形状特征中离心率与面积周长比的分布关系，可以将五类常见的原棉杂质进行大致的分类识别，见表 3-9。

表 3-9　五种杂质的特征值分布区间

杂质种类	L 值	B 值	离心率	面积周长比
头发丝	30~50	70~110	0.97~0.99	3.6~5.2
羽毛	15~45	25~90	0.35~0.52	14.2~17.7
塑料绳	45~60	70~125	0.90~0.95	8.2~10.0
壳叶类杂质	15~45	10~70	0.65~0.86	6.3~8.4
小型棉结	60~80	165~205	0.48~0.70	11.0~13.5

根据规定的四个特征值的分布区间，对原棉杂质的类别进行综合判定，

对每一类杂质测试 200 次，得出结果。将得到的结果与人工目测结果进行比对，统计比对结果见表 3-10。

表 3-10　五种杂质的检测结果

杂质种类	识别正确数目	准确率
头发丝	186	93%
羽毛	182	91%
塑料绳	183	91.5%
壳叶类杂质	183	91.5%
小型棉结	175	87.5%

本文主要统计了原棉中的头发丝、羽毛、塑料绳、壳叶类杂质和小型棉结这些杂质的特征，并根据 L 分量值、B 分量值、离心率和面积周长比的综合判定对这些杂质进行分类，同实际检测结果对比证实了设计的算法有较高的识别结果的准确性，可以实现杂质的识别和分类。

3.3　基于图像处理技术的羊绒与羊毛纤维的识别

羊绒和羊毛纤维扫描电子显微镜（SEM）图像的特点：羊绒纤维的直径较细，径高比小于 1，鳞片表面平而光滑，边缘清晰，鳞片较薄，紧贴于毛干，鳞片排列比较稀疏，密度较小，而羊毛纤维反之。首先需对图像进行去噪、边缘增强等处理，最终得到清晰的纤维边缘和鳞片边缘。这需要将纤维图像的目标与其背景进行准确的分离，得到边缘是单像素的二值图像，还需要对图像进行分割以及分割后的修饰处理。

3.3.1　纤维图像处理的总方案

（1）将真彩图像转化为灰度图。

（2）图像去噪是必不可少的一个环节，此图像可能是高斯噪声，故采用中值滤波的方法进行去噪处理，而且中值滤波能有效地增强边缘信息。

（3）对图像进行边缘增强，选择适当的边缘增强算子，对羊绒与羊毛纤维图像进行处理，可以增强纤维边缘，有利于羊绒和羊毛纤维边缘提取的进行。

（4）选择适当的阈值对纤维进行图像分割处理，将纤维的目标与背景分离，得到纤维边缘和鳞片边缘信息。

（5）对提取得到的边缘图像进行膨胀和细化处理，得到最终指标测量所需的图像。

总方案如图 3-16 所示。

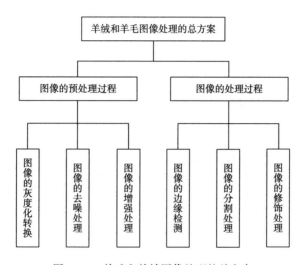

图 3-16　羊毛和羊绒图像处理的总方案

3.3.2　纤维图像的预处理

3.3.2.1　灰度化处理

将采集的彩色图像转化为灰色图像，本处采用加权平均值法，如图 3-17和图 3-18 所示。

3.3.2.2　中值滤波去噪

本处采用中值滤波对图像进行去噪处理，同时能有效地保护图像的边缘细节，如图 3-19 所示。

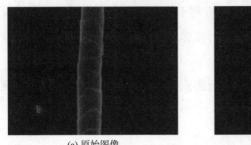
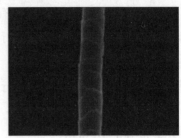

(a) 原始图像   (b) 灰度图像

图 3-17 羊绒纤维的原始图像与灰度图像

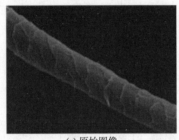
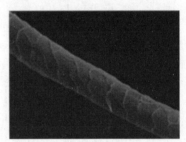

(a) 原始图像   (b) 灰度图像

图 3-18 羊毛纤维的原始图像与灰度图像

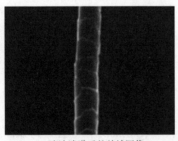
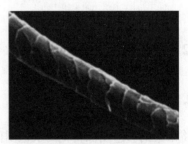

(a) 滤波消噪后的羊绒图像   (b) 滤波消噪后的羊毛图像

图 3-19 经过滤波消噪后的羊绒和羊毛图像

3.3.3　纤维图像的边缘检测

本文采用改进分水岭边缘检测方法，分水岭比较经典的计算方法是由文森特（Vincent）提出的。其主要分两个步骤，排序过程和淹没过程。分水岭变换得到的是输入图像的集水盆图像，集水盆之间的边界点。显然，分水岭表示的是输入图像极大值点，即：

$$g(x, y) = \mathrm{grad}(f(x, y)) = \{ [f(x, y) - f(x-1, y)]^2 [f(x, y)$$
$$- f(x, y-1)]^2 \}/2 \qquad (3\text{-}15)$$

其中：$f(x, y)$ 表示原始图像；grad（·）表示梯度运算。

为降低分水岭算法产生的过度分割，通常要对梯度函数进行修改，比较简单的方法是对梯度图像进行加权处理，以消除灰度的微小变化产生的过度检测。即：

$$g(x, y) = \max(\mathrm{grad}(f(x, y), g_\theta)) \qquad (3\text{-}16)$$

其中：g_θ 表示权值。

3.3.4　纤维图像的分割

采用自适应阈值法进行图像的分割处理，处理后的羊绒与羊毛纤维如图 3-20 所示。

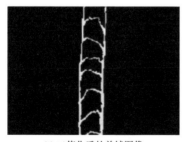 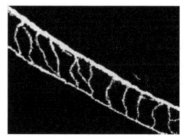

(a) 二值化后的羊绒图像　　　　　　　　(b) 二值化后的羊毛图像

图 3-20　二值化后的羊绒和羊毛图像

3.3.5 纤维图像的形态学处理

通过二值化图像可以发现，羊绒和羊毛图像上纤维边缘和鳞片边缘有一些干扰，有的鳞片边缘发生一些断裂，有的纤维边缘有双重边缘线，因此采用形态学处理来进行图像的修饰。

纤维图像的膨胀是进行一个加长或变粗的操作，加长或变粗的程度则由结构元素的大小和形状控制，即采用结构元素 B 去加强二值图像 A 的边缘。用集合可表示为：

$$A \oplus B = \{a + b \mid a \in A \quad b \in B\} = \cup A^b \qquad (3\text{-}17)$$

经过大量试验，最终选用 B 是圆形的直径为 3mm 结构元素，图 3-21 所示为经过膨胀处理的羊绒与羊毛纤维图像。

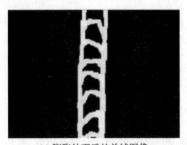 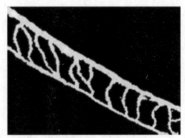

(a) 膨胀处理后的羊绒图像　　　　　(b) 膨胀处理后的羊毛图像

图 3-21　膨胀处理后的羊绒和羊毛图像

经过膨胀以后，虽然解决了鳞片边界断开的问题，但从图 3-21 中可以看出，鳞片边界被加粗了很多，这样会影响后续特征指标计算的准确率，需要再采用细化处理。

图 3-22 是经过细化后的羊绒与羊毛纤维图像效果图，为了使目标更为突出，需要对图像再进行取反操作。

3.3.6 纤维图像特征参数的提取

表征羊绒和羊毛纤维的指标有很多，可以将这些指标划分为直观指标和

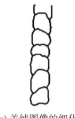

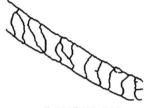

(a) 羊绒图像的细化图　　　　(b) 羊毛图像的细化图

图 3-22　细化处理后的羊绒和羊毛图像

相对指标两大类。

（1）直观指标。主要有纤维细度、鳞片高度、鳞片厚度、鳞片密度、鳞片周长、鳞片面积等，如图 3-23 所示。

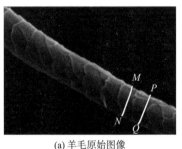

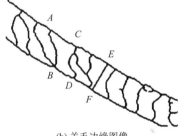

(a) 羊毛原始图像　　　　　　(b) 羊毛边缘图像

图 3-23　标注的羊毛图像

图 3-23 中 *EF* 线段长为纤维的直径（细度）；*BD*、*AC* 线段长为某一鳞片的左右高度；*ABCD* 的线段和为某一鳞片的周长；*ABCD* 所围成的面积为某一鳞片的面积；*MN*、*PQ* 的线段差为某一鳞片的厚度。

（2）相对指标。主要有纤维径高比、鳞片相对周长、鳞片相对面积、鳞片的外方形因子、鳞片的内方形因子。下面给出各个指标的表达式：

$$R(f, (x, y)) = \frac{d(f(x, y))}{h(f(x, y))} \tag{3-18}$$

$$C(f, (x, y)) = \frac{L(f(x, y))}{d(f(x, y))} \tag{3-19}$$

$$S(f, (x, y)) = \frac{s(f(x, y))}{d(f(x, y))} \quad\quad (3-20)$$

$$\hat{\delta}(f, (x, y)) = \frac{s'(f(x, y))}{s(f(x, y))} \quad\quad (3-21)$$

$$\check{\delta}(f, (x, y)) = \frac{s''(f(x, y))}{s(f(x, y))} \quad\quad (3-22)$$

其中：$f(x, y)$ 为纤维图像；R 为纤维的径高比；d、h 分别为纤维的直径和鳞片高度；C、L 分别为纤维的鳞片相对周长与鳞片周长；$\hat{\delta}$、$\check{\delta}$ 分别为纤维的外方形因子和内方形因子；S、s、s'、s'' 分别为纤维的鳞片相对面积、鳞片面积、鳞片外包最小长方形面积、鳞片内接最大正方形面积。

3.3.7 纤维图像特征参数的测定

3.3.7.1 直线拟合法

由于羊绒与羊毛纤维具有边缘接近直线的特点，所以研究时通常采用直线拟合的方法来提取羊绒与羊毛纤维的特征参数。一般由霍夫变换（Hough）和最小二乘法回归分析两者组合来对纤维边缘的最大程度进行拟合，从而计算出相关的特征参数。

霍夫变换是利用一种变换域来提取目标轮廓，通过把直线上的点的坐标变换成过点的直线的系数域的方法，巧妙地利用了共线与直线相交的关系，使直线的提取问题转化为计数问题。霍夫变换的主要优点是受直线中的间隙和噪声的影响较小。

3.3.7.2 最小二乘法

为了得到最佳的拟合曲线，其直线上的值与测量值的差的平方和应该达到最小。假设在某一平面上有一系列的点 (x_i, y_i) $(i = 1, 2, \cdots, n)$ 且最佳拟合直线为 $\hat{y} = \hat{a} + \hat{b}x$，则：

$$L = \sum_{i=1}^{n} [y_i - \hat{y}_i]^2 = \sum_{i=1}^{n} [y_i - (\hat{a} + \hat{b}x_i)]^2 = \min \quad\quad (3-23)$$

要使 L 取得最小值，则当 $\frac{\partial f}{\partial a}$、$\frac{\partial f}{\partial b}$ 均等于零时，即可取得极值，求出 $\hat{a}$，$\hat{b}$

的值分别为：

$$\hat{a} = \bar{y} - \hat{b}\bar{x} \qquad (3-24)$$

$$\hat{b} = \frac{l_{xy}}{l_{xx}} = \frac{\sum (x_i - \bar{x})(y_i - \bar{y})}{\sum (x_i - \bar{x})^2} \qquad (3-25)$$

其中：

$$\bar{y} = \frac{1}{n}\sum_{i=1}^{n} y_i, \ \bar{x} = \frac{1}{n}\sum_{i=1}^{n} x_i \qquad (3-26)$$

通过对两种不同的直线拟合方法的比较分析，可以看出羊绒和羊毛的纤维边缘虽然近似于直线，但由于鳞片的存在，不可能完全呈直线，因此以直线来拟合纤维边缘进行测量计算不可避免会存在一定的误差。在二者的基础上，采用一种改进的直线拟合方法来进行三项特征指标的测定。

3.3.7.3　分段直线拟合测量纤维直径

分段直线拟合是基于定积分思想，是指将纤维边缘等分成 n 段，然后求每段的直径，最后求和取平均值，即为纤维的直径。

在图像采集时会出现两种情况，一种是纤维呈垂直趋势，另一种是纤维呈水平趋势，图 3-24（a）所示的样本恰好是倾向于垂直方向图 3-24（b）所示的样本恰好是倾向于水平方向。

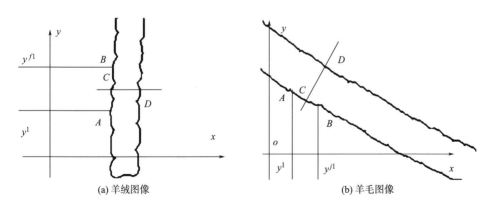

(a) 羊绒图像　　　　　　　　　　　(b) 羊毛图像

图 3-24　标注的羊绒和羊毛图像

3.3.7.4 中心线法测量纤维鳞片高度

在图 3-23 中，曾说明纤维的鳞片高度有左右之分，这会给纤维鳞片高度的测量带来一定的困难，为了将其统一化，需取其中值，即测定纤维中心线上鳞片的高度，如图 3-25 所示。

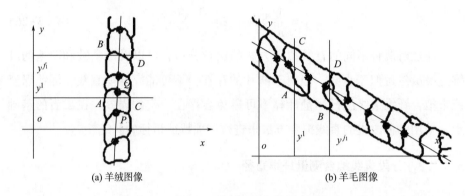

(a) 羊绒图像　　　　　　　　　　　(b) 羊毛图像

图 3-25　标注的羊绒和羊毛图像

从图 3-25 可以看出，所求为其中某一个鳞片高度为 PQ 线段的距离。此次求鳞片高度也是建立在分段拟合直线求直径的基础上，因此在测量时也分为两种情况：纤维呈垂直趋势和呈水平趋势。此处具体说明纤维呈水平趋势时测量步骤。

当纤维倾向于水平方向时，如图 3-25（b）羊毛纤维图像所示，对纤维边缘的分段可依赖于对 x 轴的分段。

（1）在对 x 轴分段的基础上，假设其中某一段的 x 轴上两端点的坐标值为 $(x', 0)$、$(x'', 0)$，向上搜索到与纤维两边缘相交的点，分别记为 A、B、C、D，坐标值分别是 (x_A, y)、(x_B, y)、(x_C, y)、(x_D, y)。

（2）则直线 AC、BD 的中点坐标分别为 $\left(\dfrac{x_A + x_C}{2}, \dfrac{y_A + y_C}{2}\right)$、$\left(\dfrac{x_B + x_D}{2}, \dfrac{y_A + y_D}{2}\right)$。

（3）纤维中心线的直线（即通过直线 AC、BD 的中点）方程为：

$$y = \frac{(y_A + y_C) - (y_B + y_D)}{(x_A + x_C) - (x_B - x_D)}x + \frac{(x_A + x_C)(y_B + y_D) - (x_B + x_D)(y_A + y_C)}{2[(x_A + x_C) - (x_B + x_D)]} \quad (3-27)$$

（4）沿着该中心直线向上或向下搜索，可以找出与鳞片相交的点，依次记录存入数组，记为（x_i，y_i），则任意连续两点间的距离即为纤维的某一鳞片高度。假设搜索到某连续两端点，并记为 P、Q，坐标为（x_P，y_P）、（x_Q，y_Q），则鳞片高度为：

$$d = \sqrt{(x_Q - y_P)^2 + (y_Q - y_P)^2} \quad (3-28)$$

（5）计算每一个鳞片的高度，然后求取平均值，即为鳞片高度。当将 x 轴分成 n 段时，则存在 n 个鳞片高度，然后再求取平均值，即为最后的鳞片高度。

用上述方法求得的纤维鳞片高度，依赖于对纤维直径的边缘分段，所以可以消除因为纤维细度不匀而引起的误差，另外，此处所求的鳞片高度是两次的平均值，所以误差更小，更精确。

3.3.7.5　纤维图像特征参数的测量结果与分析

本文选取羊绒和羊毛纤维的 SEM 图片各 50 幅，进行处理测量，因为接下来选用 BP 神经网络模型进行识别时，需对样本进行训练，样本数越大，则识别的结果可信度越高。因此，本文选择其中 30 幅图像作为样本进行测量，为了减小误差，对每个样本重复测量三次，取其均值作为测量结果，测量结果见表 3-11。

表 3-11　羊绒和羊毛特征参数测量值

样本编号	细度/μm	羊绒纤维鳞片高度/μm	径高比	细度/μm	羊毛纤维鳞片高度/μm	径高比
1	14.4105	15.3102	0.9412	18.0924	11.0303	1.6402
2	13.1607	13.0093	1.0116	18.7384	11.4439	1.6374
3	14.7630	14.0173	1.0532	19.1658	12.0323	1.5941
4	17.8799	18.3309	0.9754	18.7774	10.9278	1.7073
5	18.1059	20.1943	0.8966	20.1066	12.2190	1.6455
6	13.0016	12.9982	1.0003	19.2430	11.0789	1.7369

样本编号	细度/μm	羊绒纤维鳞片高度/μm	径高比	细度/μm	羊毛纤维鳞片高度/μm	径高比
7	14.3595	13.7302	1.0458	19.5729	10.5367	1.8576
8	17.5492	18.0091	0.9745	18.3021	11.0221	1.6605
9	16.0729	18.0322	0.8913	18.1005	10.4738	1.7282
10	16.8701	17.2091	0.9803	19.2451	11.5785	1.6621
11	17.9372	17.9893	0.9971	17.6364	9.0837	1.9115
12	13.0051	14.0921	0.9229	19.0255	11.3092	1.6823
13	17.0132	18.3054	1.9694	19.2388	11.0978	1.7336
14	15.0508	14.2138	1.0589	18.8320	10.8975	1.7281
15	16.7435	17.0038	0.9847	18.1156	10.2930	1.7600
16	17.3721	16.9387	1.0256	19.0283	12.0100	1.5844
17	17.3258	18.2909	0.9472	19.0220	11.6785	1.6286
18	15.2697	14.0022	1.0907	18.4441	10.8890	1.6938

从测量数据可计算得出，羊绒和羊毛纤维的平均直径分别为15.6712μm和18.8165μm，鳞片高度平均值分别为16.2410μm和11.0960μm，径高比均值分别为1.0041和1.7003。同时，根据这些样本纤维的指标数据统计得到的结果，可以证明测得的数据在误差允许的范围内，因此可以说明本文所采用的指标提取方法是有效的。

为了更准确地识别出羊绒和羊毛纤维，图3-26～图3-29分别是羊绒和羊

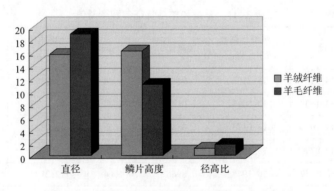

图3-26　羊绒和羊毛纤维各指标均值分布直方图

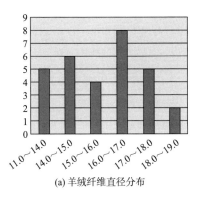

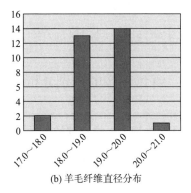

(a) 羊绒纤维直径分布   (b) 羊毛纤维直径分布

图 3-27 羊绒和羊毛纤维直径分布直方图

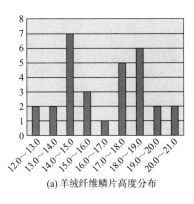

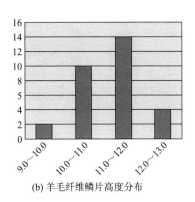

(a) 羊绒纤维鳞片高度分布   (b) 羊毛纤维鳞片高度分布

图 3-28 羊绒和羊毛纤维鳞片高度分布直方图

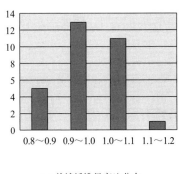

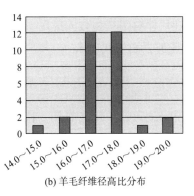

(a) 羊绒纤维径高比分布   (b) 羊毛纤维径高比分布

图 3-29 羊绒和羊毛纤维径高比分布直方图

毛纤维各特征指标均值对比直方图，羊绒和羊毛纤维的直径、鳞片高度、径高比三个指标的区间频数直方图。

3.3.8 纤维图像的识别分析

3.3.8.1 典型 BP 神经网络的模型

典型 BP 神经网络模型一般具有 3 层或 3 层以上的神经网络，包括输入层、中间层（隐含层）、输出层，图 3-30 所示是一个 3 层 BP 神经网络的结构图。

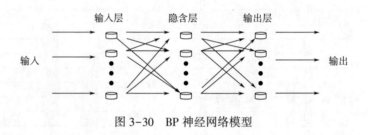

图 3-30 BP 神经网络模型

3.3.8.2 BP 神经网络的训练

由于本文选用的三个特征指标不在同一个数量级上，同时各个值波动的大小范围也不一致，为了使输入的样本值均为 [0，1] 之间的数，同时也为了保证 BP 神经网络运行的稳定，在进入样本训练之前，需要先对特征值进行归一化处理，如下式所示。

$$X = \frac{x - \bar{x}}{x_{\max} - x_{\min}} \tag{3-29}$$

其中：x 为归一化之前某一特征指标的样本值；X 为归一化之后该指标的样本值；$x_{\min}$ 是该特征指标中样本值最大值；$x_{\min}$ 是该特征指标中样本值最小值。

本文采样三层 BP 神经网络进行羊绒和羊毛纤维的识别，是一个典型的模式识别问题。根据 BP 网络设计技巧，输出层神经元的个数，即输出节点个数，可以按照如下规则设计：如果模式类别一共有 k 个，那么输出节点的个

数为 k 或 $\log 2^k$ 个，只需识别羊绒和羊毛纤维，因此选择输出节点个数为 2。

归一化后的输入样本数据范围在 ［0，1］ 之间，正好与 S 型传递函数的值域范围一致。输出目标向量格式为 0 和 1，因此选输出层神经元的传递函数也为 S 型传递函数。

3.3.8.3　羊绒与羊毛纤维的识别

为了检测训练后的神经网络性能，选用不同于训练样本的 20 个新样本作为输入，以测试神经网络的性能。神经网络测试的结果见表 3–12。

表 3–12　羊绒和羊毛纤维的识别

纤维种类	羊绒纤维	羊毛纤维	识别率
羊绒纤维	19	2	95%
羊毛纤维	1	18	90%

根据识别结果，平均有效识别率达到 92.5%，由于试验条件有限，试验样本采集的数量不够充足，试验的结果可能不能完全真实地反映识别效率和准确率，但从整体来看，此方法是可行的，能准确、快速、有效地识别出羊绒和羊毛纤维。

参考文献

［1］ 邓仕超，黄寅 . 二值图像膨胀腐蚀的快速算法 ［J］. 计算机工程与应用，2017，53
　　（5）：207-211.

［2］ 刘丽霞，李宝文，王阳萍，等 . 改进 Canny 边缘检测的遥感影像分割 ［J］. 计算机工
　　程与应用，2019，55（12）：54-58，180.

［3］ 刘建立，左保齐 . BP 神经网络在织物疵点识别中的应用 ［J］. 纺织学报，2008，29
　　（9）：43-46，55.

［4］ 王萍，郭晶，万凯，等 . 基于改进 BP 算法的纱线混纺比检测 ［J］. 天津工业大学学
　　报，2014，33（6）：62-64.

［5］ 张思萌 . 减少麻/棉混纺比测试误差的方法 ［J］. 纺织科技进展，1995（3）：71-72.

［6］ 黄仰东 . 基于图像处理的原棉杂质检测方法研究 ［D］. 武汉：武汉纺织大学，2020.

［7］赵西娜. 基于图像处理技术的原棉疵点及杂质特征识别的研究 ［D］. 武汉：武汉纺织大学，2014.

［8］王晓红，姚穆，刘守智. 绵羊毛与山羊绒的鉴别 ［J］. 西北纺织工学院学报，1998（3）：215-218.

［9］班志杰. 图像识别在羊绒毛检测中的应用 ［D］. 呼和浩特：内蒙古大学，2004.

［10］赵雪松，陈淑珍. 综合全局二值化与边缘检测的图像分割方法 ［J］. 计算机辅助设计与边缘检测的图像分割方法，2001，13（2）：118-121.

［11］焦李成. 神经网络计算 ［M］. 西安：西安电子科技大学出版社，2005.

［12］林晓云. 山羊绒纤维与细羊毛纤维的计算机图像识别 ［D］. 天津：天津工业大学，2002.

第4章

图像处理技术在纱线检测中的应用

4.1 基于图像处理技术的纱线毛羽检测

4.1.1 纱线毛羽检测的总方案

　　毛羽是纱线的基本结构特征之一，它不仅影响纱线中纤维的强度与有效利用率，还影响织物的表面光滑度、织纹清晰度、织造效率和染色效果等，毛羽的数量和长度直接决定纱线的最终用途。因此，毛羽检测是反映纱线品质的重要指标之一，是纺织品生产过程中一项重要的质量检测项目。纱线毛羽是指伸出纱线主干表面的纤维，形成原因有加捻形成和过程形成两类。加捻形成是指在须条加捻过程中，部分纤维的头端或尾端没有被全部捻入纱线的主干部分，由此而形成毛羽，分为先天加捻形成的前向毛羽和后向毛羽。过程形成是指纤维在后加工及使用过程中因为摩擦、空气阻力和离心力等作用而产生的端毛羽、圈毛羽或浮游毛羽。根据毛羽的形成原因和毛羽的基本形态，可通过纤维选择、减少纱线摩擦静电、改变纤维聚集方式、采用烧毛方式等控制纱线毛羽。

　　由于纱线毛羽很柔软，其形状易变并会随着条件的变化而变化，这会给毛羽的精确测定带来一定困难。毛羽检测方法由感观评定发展到仪器测定，随着图像采集技术和计算机技术的进步，运用图像处理技术检测纱线毛羽已

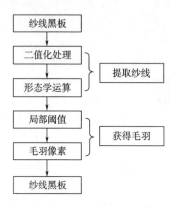

图 4-1　纱线黑板图像
处理流程图

成为纱线外观测量的趋势，多种新型数字化采集和测试方法及装置层出不穷，这也为提高毛羽检测的自动化程度以及测试准确度奠定了良好的基础。

目前，图像处理算法的基本步骤为，首先对纱线图像进行预处理，然后进行纱线条干提取和纱线分割，再将纱线毛羽从纱线条干上分离出来，最后对得到的毛羽信息进行分析。为了提高纱线毛羽检测的自动化程度，研发出了很多新型的数字化采集和测试方法。此处选择经典的阈值分割和形态学运算方法，对纱线毛羽的检测原理进行介绍。本文以纱线黑板图像为处理对象，其处理流程如图 4-1 所示。

4.1.2　纱线图像的二值化处理

由于扫描仪的扫描介质为黑白型，故经扫描仪采集的纱线图片为灰度图像，如图 4-2 所示。根据二值化算法，将纱线灰度图像转换成二值图像。使用最大类间方差法找到图像的全局最优阈值，该阈值为 [0, 1] 内归一化的强度值。当目标与背景的分割阈值为 t 时，目标像素点占整个图像的比例为 w_0，平均灰度为 μ_0；背景像素点占整个图像比例为 w_1，平均灰度为 μ_1。整个图像平均灰度为：

图 4-2　黑板纱线局部采集图像

$$\mu = w_0 \times \mu_0 + w_1 \times \mu_1 \qquad (4-1)$$

此时，该图像的类间方差为：

$$g(t) = w_0 \times (\mu_0 - \mu)^2 + w_1 \times (\mu_1 - \mu)^2 \qquad (4-2)$$

当 $g(t)$ 取得全局最大值时，所对应的 t 为最佳阈值。

设原灰度图像为 $f(x, y)$ ，二值化后的图像为 $g(x, y)$ 。二值化的过程可用下式表示（标注为 1 的像素对应于目标对象，标注为 0 的像素则对应于背景）：

$$g(x,y) = \begin{cases} 1 & f(x,y) \geq t \\ 0 & g(x,y) < t \end{cases} \qquad (4-3)$$

图 4-3 为试样上某一段纱线图像二值化处理前后的对比图。由于毛羽本身具有柔软特性，光照不匀时会造成纱线图像中同根毛羽上不同部位出现灰度不匀的情况，出现图 4-3（b）中遗失部分毛羽信息的现象。

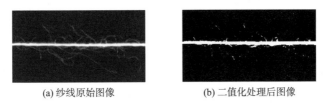

(a) 纱线原始图像　　　　　　　　(b) 二值化处理后图像

图 4-3　纱线图像二值化处理前后对比图

4.1.3　纱线图像的形态学处理

为解决灰度不匀导致的毛羽图像处理结果缺失的现象，需要对纱线图像进行形态学运算。采用形态学运算对纱线二值图像进行形态学处理，目的是提取纱线条干，并得到去除纱线条干的图像。

图 4-4 是用不同半径（R）的圆盘结构元素对图 4-4（b）毛羽二值化图像进行形态学运算的结果。当圆盘结构元素 B 的半径为 1 像素或 2 个像素时，纱线条干图像上有一些毛羽像素未被处理完全［图 4-4（a）的Ⅰ区域和图 4-6（b）的Ⅱ区域］；当圆盘结构元素为 5 时，图像被过度腐蚀，造成条

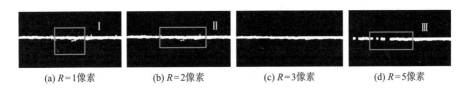

(a) R=1像素　　　　(b) R=2像素　　　　(c) R=3像素　　　　(d) R=5像素

图 4-4　不同圆盘半径时的形态学开运算图像

干部分中断［图4-4（d）的Ⅲ区域］。所以，半径 R 为1像素、2像素或5像素的圆盘结构元素 B 均不适用于纱线的形态学开运算。图4-4（c）显示，当圆盘结构元素 B 的半径 R 为3像素时，形态学开运算使纱线较完整地保持了纱线条干特征，同时消除了毛羽和背景点，运算结果较好。

为得到完全去除条干并只有毛羽的图像，还需对纱线条干进行膨胀处理。图像膨胀的原理是利用结构元素 D 对图像 C 进行膨胀，记为 $C \oplus D$，定义为：

$$C \oplus D = \left[C^E \Theta(-D) \right]^E \tag{4-4}$$

其中：D 为圆盘型结构元素。

当结构元素 D 的半径 r 取0，即图像未进行膨胀处理时［图4-5（a）］，或结构元素 D 的半径 r 为3像素时［图4-5（b）］，图像上均会遗留一些条干边缘像素。当结构元素 D 的半径 r 为8像素时，条干边缘的部分毛羽像素被腐蚀［图4-5（d）］。图4-5（c）显示，当圆盘结构元素 D 的半径 r 为6像素时，膨胀处理可使纱线条干清晰，运算结果较好。

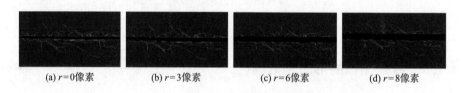

(a) $r=0$像素　　　(b) $r=3$像素　　　(c) $r=6$像素　　　(d) $r=8$像素

图4-5　不同圆盘半径时的膨胀处理图像

4.1.4　纱线图像的分割

毛羽延伸方向的无规则性使得扫描光照不匀，会造成同一根毛羽的不同部位或不同毛羽在图像中的亮度不同，且部分纱线毛羽和黑板背景之间边界不明。若采用全局单一阈值进行毛羽分割，将无法兼顾图像不同区域的实际情况，导致毛羽分割丢失。为提取整块黑板毛羽的完整信息，本文中使用基于OTSU法的图像局部分割法分别对条干和非条干区域进行处理。

将直方图在某一阈值处分割为两组，当被分成的两组间方差为最大时，可确定阈值。假设一幅图像的灰度值为 $1 \sim m$ 级，灰度值 i 的像素数为 n_i，此时像素总数为：

$$N = \sum_{i=1}^{m} n_i \tag{4-5}$$

各灰度值的概率 P_i 为：

$$P_i = \frac{n_i}{N} \tag{4-6}$$

然后运用 T 将其分成两组 $C_0 = \{1 \sim T\}$ 和 $C_1 = \{T+1 \sim m\}$，各组产生的概率分别为：

C_0 的概率为：

$$W_0 = \sum_{i=1}^{T} P_i = w(T) \tag{4-7}$$

C_1 的概率为：

$$W_1 = \sum_{i=T+1}^{m} P_i = 1 - w_0 \tag{4-8}$$

C_0 的平均值为：

$$\mu_0 = \sum_{i=1}^{T} \frac{ip_i}{w_0} = \frac{\mu(T)}{w(T)} \tag{4-9}$$

C_1 的平均值为：

$$\mu_1 = \sum_{i=T+1}^{m} \frac{ip_i}{w_1} = \frac{\mu - \mu(T)}{1 - w(T)} \tag{4-10}$$

其中：$\mu = \sum_{i=1}^{m} ip_i$ 是整体图像的灰度平均值；$\mu(T) = \sum_{i=1}^{m} ip_i$ 是阈值为 T 时的灰度平均值，故所有采样的灰度平均值为：

$$\mu = w_0 \mu_0 + w_1 \mu_1 \tag{4-11}$$

两组间方差为：

$$\delta^2(T) = w_0(\mu_0 - \mu)^2 + w_1(\mu_1 - \mu)^2 = w_0 w_1 (\mu_1 - \mu_0)$$
$$= \frac{[\mu w(T) - \mu(T)]^2}{w(T)[1 - w(T)]} \tag{4-12}$$

从 $1 \sim m$ 改变 T，式（4-12）值为最大时的 T 便是 $\max \delta^2(T)$ 中的 T^*，T^* 是阈值，δ^2（T）为阈值选择函数。通过最大方差阈值可以让阈值自动选择分割，也能得到较满意的效果。

黑板纱线图像中毛羽和黑板背景之间差异较小，需选用合适的阈值进行分割，得到纱线与背景完全分离且不丢失毛羽信息的图像。OTSU 法采用最大类间方差法对图像中的像素用阈值分为目标和背景。算法具体实现如下：

首先，图像分成条干区域和非条干区域处理，将图像按 12 像素×12 像素的窗口分块处理。对条干区域，按所设置的窗口检测到其中的像素值全部为 1，即是条干部分，直接将其窗口内的像素值变为 0 并储存在一个新矩阵 Z 中。对非条干区域，在子窗口中，提取所有非条干的像素点。为了排除背景噪点对毛羽检测的影响，进行基于方差的毛羽分割。当窗口中非条干像素点的像素值方差大于 5 时，采用 OTSU 法阈值对非条干像素点进行分割，结果存入矩阵 Z 中；若方差小于 5，则说明窗口中存在于背景的噪点不是毛羽，直接将其像素值变为 0 并存储在矩阵 Z 中。图 4-6 为图 4-3（a）所示的纱线原始图像的毛羽图。图 4-7 为 9.83tex 纱线黑板局部采集图像（图 4-2）的毛羽图。通过以上的局部阈值方法实现了纱线毛羽的准确分割，较完整地保留了黑板毛羽信息。

图 4-6　毛羽分割图像

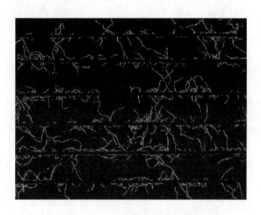

图 4-7　纱线黑板毛羽图

4.1.5　毛羽像素统计

通过上述算法得到纱线毛羽二值图像，其基本单位是像素。运用像素值测量法分析毛羽面积，即计算局部阈值处理得到的毛羽二值图像上像素值为 1 的像素点数量，作为黑板纱线图像上的毛羽总面积，来量化黑板纱线图像的毛羽水平。

遍历矩阵 Z 中所有非零像素点，即可得到图像中毛羽的数量：

$$A = \sum_{x=1}^{N_1} \sum_{y=1}^{N_2} h(x,y) \qquad (4-13)$$

其中：$h(x, y)$ 为毛羽分割后的图像；N_1 和 N_2 对应于扫描区域黑板图像的大小，即 $N_1 = 9000$，$N_2 = 10800$。

4.2 基于图像处理技术的混纺纱线成分比测定

混纺纱线成分比对织物风格具有极其重要的影响，越来越受到重视。目前，在质量监督检测中，主要采用显微投影法和化学溶解法来测定纱线的混纺比，这两种方法耗时费力，而且容易引起检测人员的视觉疲劳，致使检测结果掺杂许多的主观因素。随着新型纤维的大量出现，混纺产品的种类逐渐增多，给纱线混纺比的测定带来巨大困扰。面对繁杂的纤维种类，传统的纤维鉴别方法已经不能够完全胜任，进而就导致了在纺织品检验的过程中，对纤维鉴别会产生误差，不利于纺织品的实际生产，使得对纱线中的纤维类别进行鉴别成为一项非常重要而复杂的工作。数字图像分析技术能将纤维的形态直观地反映出来，并且能在合理的时间内提取纤维的形态测量结果，同时可以进行大量的数据处理。

4.2.1　混纺纱线成分比测定的传统检测方法

目前，商检系统多采用人工识别的方法来确定混纺织物纱线的成分百分比。传统混纺纱线成分比的测定方法有如下几种。

（1）溶解法。纤维在不同的化学溶剂中具有不同的溶解性，利用化学溶剂，使混纺产品其中一组分纤维溶解，从而计算出混纺产品的混纺比。

（2）显微镜法。根据显微镜下观察到的纤维外观，区分出不同的纤维，计算其根数并测量其直径值，从而计算出混纺产品的混纺比。

（3）含水率法。混纺产品中的两种纤维含水率差异较大时，可利用混纺产品含水率和组分含水率是线性关系的原理，在一定条件下，测定混纺产品的含水率，从而计算出混纺产品的混纺比。

（4）密度梯度法。将两种密度不同而能相互混溶的液体，经混合后按一定流速连续倒入梯度管内，该液体最终形成一个密度自上而下递增并呈连续分布的梯度密度液柱，用标准密度玻璃小球标定管内液柱的密度梯度，然后将制成纤维小球的混纺样品放入密度梯度管中，等小球达到平衡时，读出小球高度。这样，平衡位置处的液体密度就是该试样的密度，从而计算出混纺产品的混纺比。

（5）红外光谱仪法。掌握纤维红外吸收光谱中主要的吸收谱带和特征波数，利用红外光谱仪进行定性定量分析，经过计算机检测，从而快速获得混纺产品的混纺比。

（6）微波检测法。不同纤维介质轴向的介电系数差异明显，可设计以一轴向电场模式谐振腔作为传感器的试验系统来连续测定混纺纱线的混纺比。

（7）溶解—分光光度计法。制备一系列的标准溶液，使用分光光度计测量其吸收率，然后绘制标准曲线，最后根据样品的吸光度，在曲线上找出相当于标准物质的含量。用定量分析法求得混纺比。

4.2.2　图像的采集和预处理

4.2.2.1　图像的采集

纱线切片制取和图像采集的流程如下。

（1）将混纺纱线解捻，使用手扯法将纤维束整理平整，再取一定量的纤维束放入 Y172 切片器的凹槽中，确保纤维束的中段位于切片器的槽中，这是因为纤维中段的形态稳定，棉纤维的天然转曲数较多，纤维数量以轻拉纤维束时稍有移动为宜。

（2）将露在金属板正反面外的纤维用刀片切去。

（3）转动切片器的螺座，销子固定，将螺丝旋紧，而此时上面的螺丝推杆应对准纤维束上方。

（4）旋动螺丝，推出纤维束，使纤维束稍微伸出金属板表面，但同时要保证棉的天然转曲数在 1~2 个。

（5）用刀片沿金属板表面切下试样，通常情况下，制取的第一片纤维切片的厚度是无法控制的，可能会出现切片厚度不匀的情况，因此，将制取的第二片纤维切片作为正式的切片试样。在对纤维进行切片时，刀片要尽可能地平靠金属板间，通过这种方法来使所制得的纤维切片厚薄均匀，而且纤维形态没有被破坏。

（6）将切好的纤维片段移入烧瓶，倒入充分的水，轻轻震荡使纤维分散开。

（7）为了制取均一的纤维悬浮液，需要快速地煮沸烧瓶中的水，同时用玻璃棒轻轻地搅拌。

（8）用吸管吸取适量的纤维悬浮液移至载玻片的中央，将盖玻片从纤维的一边缓缓盖下，确保中间不存在气泡，纤维悬浮液也不能溢出盖玻片，以免纤维流失。

（9）将制好的切片放到显微镜下观察纤维形态并采集图像。

4.2.2.2　纱线截面图像的预处理

在混纺比测定时，图像预处理的目的是平滑图像和增强纤维截面轮廓。偏光显微镜下采集的纱线截面切片的获取环境包括切片方法、切片厚度、显微镜焦距、光线强度、光线角度、抓图软件的配置、图像保存的格式和参数等。对同一种纱线多次取样的过程中，势必保持一致的图像获取环境。一致的图像获取环境为稳定的预处理流程和过程参数提供了可能。基于形态学的预处理流程如图 4-8 所示。

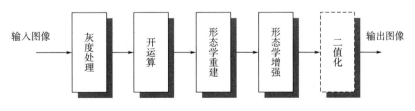

图 4-8　基于形态学的预处理流程

4.2.3 特征参数的选择和提取

4.2.3.1 特征值的选择

纤维图像经过预处理后，得到黑白图像，在此基础上，进行纤维特征的提取，用计算机测定纤维的混纺比。首先必须提取能有效区别两种纤维的特征值，能够把两种纤维明显地识别出来的特征值是高效的特征值。以棉、Tencel（天丝）混纺纤维为例，通过观察棉纤维和 Tencel 纤维的纵向图，很容易地可以看出，棉纤维由于具有天然转曲这一特性，其边界出现的是条曲线，而 Tencel 纤维边界是直的，同时通过观察可知，棉纤维表面比 Tencel 纤维表面要粗糙许多，因此纤维表面的亮度也是不相同的。据此分析，可以初步设定提取直径 CV、平滑度和矩形度这三个特征值作为区分两者的特征参数。

（1）直径 CV 值。求取直径 CV 值时，先根据图像边界像素坐标求出纤维直径，然后计算直径 CV 值。一幅二值图像的边界最直接的表示方式为使用边界像素点的 x、y 坐标序列来表示，其关键是如何得到二值图像边界的像素坐标。得到边界像素坐标的过程称为边界跟踪，即从图像边界上某一点出发，按照顺时针或逆时针的顺序跟踪探测图像的边界，直到跟踪得到图像的全部边界为止。本文利用 boundaries 函数进行纤维边界跟踪。

根据之前的图像预处理，求出纤维的边界，标出图像等高线；然后采用 ginput 函数输出纤维直径；最后，在 MATLAB 命令窗口输入程序，计算出纤维的直径 CV 值。

（2）平滑度。在图像处理中，区域描绘的一种重要方法是量化其纹理内容。尽管对纹理没有正式的定义，但这种描绘提供了如平滑度、粗糙度和规律性等特性的度量。直方图统计法基于直方图，统计出一些图像直方图的参数特征来表示图像的纹理，直方图的定义式如下。

$$p_r(r_k) = \frac{n_k}{n} \qquad k = 0, 1, 2, \cdots, L-1 \qquad (4-14)$$

其中：n 为一幅图像的总像素；n_k 为第 k 级灰度的像素数；r_k 为第 k 个灰

度等级；$p_r(r_k)$ 为该灰度出现的相对频率；对于 unit 8 类型的灰度图像来说，L 为 256。

基于直方图用于表示纹理特征的参数主要有六个：均值、标准偏差、平滑度、三阶距、一致性和熵。其中平滑度定义为：

$$R = 1 - \frac{1}{1 + \sigma^2} \tag{4-15}$$

平滑度表示图像亮度的相对平滑度。R 为 0，表示常量亮度；R 越接近 1，则表示图像亮度越粗糙。

（3）矩形度。矩形度表示纤维的外观形状跟纤维的外切矩形的相近程度，其计算式为：

$$R = \frac{A_0}{A} \tag{4-16}$$

其中：R 为矩形度；A_0 为纤维的面积；A 为纤维外切矩形的面积。

纤维的面积 A_0 可以用 regionprops 函数求出，纤维外切矩形的面积 A 求法为：分别作纤维上下左右的切线，这四条直线相交进而形成密闭的矩形，这就是纤维的外接矩形。矩形的长宽是切线的坐标之差。

4.2.3.2　特征值的提取

两种纤维通过三个特征值进行分析，如果两种纤维分离的越清楚，即识别纤维的敏感度越大，那么可以确定哪种特征值的识别率强，则可选择这个识别率强的特征值。

（1）特征值的识别。

①直径 CV 值识别。以样本号为横坐标，混纺纤维的直径 CV 值为纵坐标作图，在同一平面中分析混纺纤维的分离程度，图 4-9 所示为棉、Tencel 纤维的直径 CV 值的识别效果图。

从图 4-11 中可以看出棉纤维的直径 CV 值大于 Tencel 纤维，同时在样本范围内，两种纤维出现交叉现象，可能是因为在纤维切片的制取过程中，棉纤维的天然转曲恰好丢失，只制取到棉纤维的中断，其直径变化不大，这样就与 Tencel 纤维的直径变化相似。在利用此特征值来识别这两种纤维时势必将给测试结果造成识别误差，从而误判纤维种类。

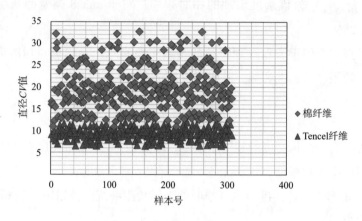

图 4-9　两种纤维的 *CV* 值分布图

　　② 平滑度识别。以样本号为横坐标，棉、Tencel 纤维的平滑度为纵坐标作图，在同一平面中分析棉、Tencel 纤维的分离程度，如图 4-10 所示。

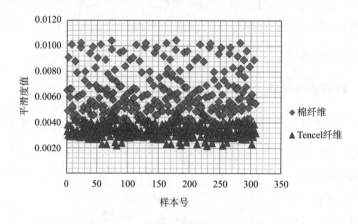

图 4-10　两种纤维的平滑度分布图

　　观察平滑度识别图，可以看出棉纤维的平滑度也大于 Tencel 纤维，同时，由于纤维平滑度值存在异常值，使得部分纤维交叉，该现象也与切片的制取有关。在进行纤维种类识别前，应先剔除异常值，这样可以减少纤维之间平滑度的交叉。

　　③ 矩形度识别。以样本号为横坐标，棉、Tencel 纤维矩形度为纵坐标作图，在同一平面中分析棉、Tencel 纤维的分离程度，如图 4-11 所示。

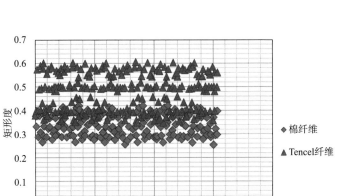

图 4-11　两种纤维的矩形度分布图

如图 4-13 所示，Tencel 纤维的矩形度高于棉纤维，说明 Tencel 纤维的纵向比棉纤维更接近于矩形。但两种纤维的矩形度特征值虽有分离，但基本上相融合，造成这种现象的原因是在纤维切片的制取过程中，纤维受到刀片和玻璃棒的物理作用，发生了弯曲，即使棉纤维存在天然转曲，但是当 Tencel 纤维出现任何的弯曲时，其矩形度也可能与棉纤维的矩形度相近，因此这两种纤维的分离程度在这种情况下并不是很好。

（2）特征值识别率。特征值的识别敏感度和可靠性需通过实际识别率来确定，误判越少的特征值，其识别敏感度越高。将特征值分析与人工目测判定相结合，可以将棉和 Tencel 纤维识别出来，各特征值的识别结果见表 4-1。

表 4-1　各特征值的识别结果

纤维类别	直径 *CV* 值		平滑度		矩形度	
	判别数	识别率/%	判别数	识别率/%	判别数	识别率/%
棉纤维	275/307	90	232/307	76	266/307	87
Tencel	259/307	84	255/307	83	201/307	65
总计	534/614	87	487/614	79	467/614	76

从表 4-1 可以看出，以单个特征值来识别纤维时，识别率都不高，识别纤维的效果不是很好，需要把这三个特征值组合以后对纤维进行识别。

（3）剔除异常值。根据以上分析，为了使纤维得到更好的识别，将对提取的特征值数据中的异常值进行剔除。在提取纤维特征值时，不可避免地会出现一些异常值，这些异常值会使特征值在识别纤维时产生较大的误差，偏离纤维种类的实际种类。将纤维特征值中的异常值剔除之后，各特征值的分离效果得到显著提高。

（4）特征值相关性分析。在提取的三个特征值中，各个特征值之间并不是完全独立的，有的特征值之间存在着相关性。利用 SPSS 软件中的相关分析来判断两两特征值之间彼此的相关性，用散点图来形象直观地反映彼此的相关性。散点图可以体现出各对数据的密切程度，若图中特征值的对应点分布在某条直线的周围，则这两个特征值具有相关性；若图中特征值的对应点分布没有规律性，则这两个特征值不具有相关性。

4.2.4　基于 BP 神经网络的纤维识别

人工神经网络是基于现代神经生物学研究成果发展而来的一种模拟人脑信息处理机制的网络系统。而至今应用最为广泛的神经网络就是采用 BP 算法的多层感知器，它由输入层、隐含层和输出层构成。BP 神经网络的训练，需先确定网络结构。将直径 CV 值、平滑度两特征值作为输入样本，因此 BP 网络结构输入层有 2 个神经元，输出层有 1 个神经元。根据 Kolmogorov 定理，采用 $N×2+1×M$，其中 N 为输入特征向量的分量数，M 为输出状态类别总数，来确定中间层神经元数。所以，$N=2$，$M=1$，中间层神经元为 5 个。BP 神经网络结构如图 4-12 所示。

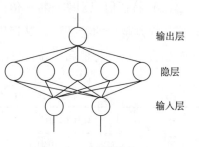

图 4-12　网络结构图

输出层

隐层

输入层

由于选用的用于训练的两个特征值不在同一个数量级上，且各个值的波动范围不同，为了使网络训练一开始就给各输入分量以同等重要的地位，所以神经网络在训练前要将数据限制在 [0, 1] 区间内，这样同时保证了 BP 神经网络运行的稳定性。采用下式对特征值进行归一化处理：

$$X = \frac{x - \bar{x}}{x_{\max} - x_{\min}} \tag{4-17}$$

其中：x 为归一化前某个特征指标的样本值；X 为归一化后该指标的样本值；$x_{\min}$ 为该特征指标中样本最小值；$x_{\max}$ 为该特征指标中样本最大值。

对混纺纤维的识别可分为两步：首先，将已经剔除异常值的特征向量作为 BP 神经网络的训练样本，进而得到满足纤维分类要求且误差最小的神经网络；其次，采用不同于训练样本的检测样本对训练完毕的神经网络进行测试，用来判别网络的性能。

网络训练仿真之后，通过检测样本 p_ test 检测训练后的网络性能。输入检测样本，得到测试结果。比较测试结果和期望结果之间的误差，根据误差大小，判断网络的实际应用效果。

采用 70/30 的棉/Tencel 混纺纱来进行混纺比计算试验，将本文所提出的图像法测试混纺比与传统纱线混纺比测试方法进行比较。首先通过显微投影法测试混纺比，制作两个纤维纵向切片，根据行业标准规定，进行两次试验，第一次测得棉纤维为 724 根，Tencel 纤维为 160 根；第二次测得棉纤维为 733 根、Tencel 纤维为 163 根，利用下式计算出纱线混纺比：

$$P_{\text{c}} = \frac{N_{\text{c}} \times D_{\text{c}} \times K_{\text{c}} \times \rho_{\text{c}}}{N_{\text{c}} \times D_{\text{c}} \times K_{\text{c}} \times \rho_{\text{c}} \times N_{\text{r}} \times S_{\text{r}} \times \rho_{\text{r}}} \times 100 \qquad P_{\text{r}} = 1 - P \tag{4-18}$$

其中：P_{c} 为棉的重量百分比；P_{r} 为 Tencel 的重量百分比；N_{c} 为棉的根数；N_{r} 为 Tencel 的根数；ρ_{c} 为棉的密度，1.6dtex；ρ_{r} 为 Tencel 的密度，1.3dtex；K_{c} 为棉的修正系数，取 0.2939；D_{c} 为 $\overline{(W_{\text{c}})^2}$，$W_{\text{c}}$ 为棉的平均宽度；S_{r} 为 $K_{\text{r}} \times \overline{(W_{\text{r}})^2}$，$K_{\text{r}}$ 为 Tencel 的修正系数，取 1.067，W_{r} 为 Tencel 的平均宽度。

最后，检验本文所提出的图像法测试纱线混纺比。第一次采集到单根棉纤维 17 根，Tencel 纤维 8 根，第二次采集到单根棉纤维 20 根，Tencel 纤维 10 根，通过 MATLAB 神经网络模式识别判断出纤维种类和根数，将棉纤维根数表示为 n_1，Tencel 纤维根数表示为 n_2，则 $n_1 : n_2$ 是纱线中纤维的个数混纺比。通常所说的混纺比是指重量混纺比，已知棉纤维的线密度是 1.6dtex，Tencel 纤维的线密度为 1.3dtex，制取纤维片段的长度保持一致，根据公式 $G = \text{Tt} \times L / 1000$，1tex = 10dtex，可得到纤维重量比为 $G_{\text{Con}} : G_{\text{Ten}} = n_1 \times \text{Tt}_{\text{Cot}} : n_2 \times \text{Tt}_{\text{Ten}}$。

将这两种方法所测得的混纺比进行比较，用传统的显微投影法测定纱线混纺比的绝对误差是 3.2%，相对误差在 4%~11%。而本文提出的图像法测定的混纺比绝对误差是 1.7%，相对误差在 2%~6%。绝对误差表示测量值与真实值之差，相对误差表示的绝对误差与真实值之比。用图像处理法测试纱线的混纺比具有较高的精度。出现误差的因素有很多，在使用显微投影法测试时，由于是人工操作和人工识别纤维，不可避免地会受人员的主观因素的影响，此外人员操作时对光线的调整或是其他技术问题都会引起误差。而图像处理法就避免了人为的主观因素对测试结果的影响，但由于切片制取的过程会造成纤维弯曲，这也会给纤维特征值的提取造成影响，使得在神经网络训练时产生误差，影响纤维的正确识别。

4.3 基于图像处理技术的纱线条干均匀度测定

纺织行业向来把纱线外观品质的检测作为提高产品质量的一个重要途径。纱线条干均匀度作为衡量纱线质量的一个重要指标，对于纺织品的生产质量和生产过程的稳定性有着较大的影响。纱线直径是纱线不匀的直接指标，如何准确、快速测定纱线的直径对于纺织行业有着重大的意义。

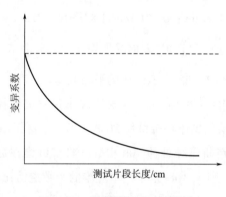

图 4-13 纱线条干不匀与测试
片段长度的关系

纱线条干均匀度的检测主要包括纱线条干不匀率的检测和粗节、细节、棉结等纱线疵点的判定。纱线均匀度是一个质的概念，而纱线条干不匀率则是对其的量化表示，从数字的角度对纱线条干的均匀度进行评价。在进行纱线条干不匀率测定时，一般只选取有限长度的纱线进行测试，纱线的条干不匀与选取的测试纱线片段长度之间的关系如图 4-13 所示，即纱线条干不匀率

（变异系数）的数值随着选取纱线片段长度的增加而呈减小趋势。

　　严重的条干不匀将会形成纱线疵点，即由于原料、牵伸工艺、机构以及人为因素等造成的条干粗节、细节和棉结等，这些将会对后续加工造成很大危害，直接形成织物疵点等。纱线条干均匀性较好，纱线中棉结和粗细节等纱线疵点的含量也相对较少，纱线条干不匀率数值较小，纱线的捻度比较均匀，强力也有着较好的一致性，从外观上看，纱线表面也很少有缠连成结的细长毛羽，好的纱线条干均匀度对于生产出品质优良的纺织品有着至关重要的作用。

4.3.1　纱线条干均匀度检测步骤

4.3.1.1　纱线图像的获取

　　采用基于图像法检测的纱线条干均匀度检测系统，该系统通过 CCD 相机采集纱线原始图像，并将图像传输到计算机中进行下一步处理。

4.3.1.2　纱线图像的预处理

　　采集到的纱线图像会因为纱线的毛羽、细纤、光照均匀性和背景灯因素而影响纱线条干的识别，不利于纱线条干均匀性的检测。所以，在测试不匀率之前有必要对纱线图像进行预处理，以去除纱线图像的噪点等干扰信息，突出检测的对象，提高图像的真实度。

4.3.1.3　纱线直径、*CV* 值检测

　　基于处理过的纱线图像，计算纱线的直径，并与理论计算值进行比较，验证直径算法的可行性。然后基于直径的计算方法，计算纱线的 *CV* 值，根据需要调节测试的片段长度。

4.3.2　图像采集系统的搭建

　　采集高质量的纱线图像是精确检测纱线条干均匀性的前提和保证，纱线

图像不够清晰会给计算机识别带来困难，降低检测的可行性和准确性，所以，检测时要尽量使得采集的图像足够清晰，提高识别的精度。为了使测试的条干均匀性有代表性，检测时要尽量做到采集的纱线图像是连续的，所以在配合现有仪器的基础上设计了纱线图像采集系统。

　　基于图像的纱线质量检测系统由导纱机构、图像采集机构及图像处理机构三部分组成，如图 4-14 所示。其中导纱机构包括导纱架、导纱盘、导纱管、导纱钩及动力皮辊；图像采集机构包括 CCD 相机、图像采集卡及黑板；图像处理机构通过计算机软件进行实时图像处理。

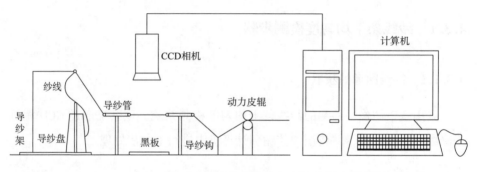

图 4-14　纱线图像采集系统

4.3.3　图像的预处理

　　纱线条干均匀度测定时的图像预处理是对采集到的纱线图像进行初步的整合和处理，提高图像质量，减少后续图像处理算法的误差。常用的图像预处理操作有灰度化处理、倾斜校正、滤波去噪处理、图像锐化等，本小节重点介绍图像锐化过程。

　　图像锐化属于图像增强的范畴，通过对图像的边缘轮廓进行补偿来增加边缘与其他部分的像素差值，使得图像边界更加清晰，根据原理不同可分为基于空域的算法和基于频域的算法两大类。通常来说，图像锐化在图像的灰度跳变部分效果显著，可以认为图像锐化与图像的均值滤波互为逆运算。常用算法有梯度法、掩模匹配法、统计差值法、拉普拉斯算子等。纱线图像经过边缘增强之后，纱线条干的边缘和纱线的毛羽特征会更加突出，利于基于机器视觉的纱线外观检测系统的检测。

拉普拉斯算子是最简单的各向同性微分算子，具有旋转不变性。一个二维图像函数的拉普拉斯变换是各向同性的二阶微分。与一阶微分相比，二阶微分的边缘定位能力更强，锐化效果更好。图像函数的拉普拉斯变换与二阶微分相结合的离散形式见下式：

$$\nabla^2 f = [f(x + 1, y) + f(x - 1, y) + f(x, y + 1) + f(x, y - 1)] - 4f(x, y)$$

$$(4-19)$$

在数字图像处理中拉普拉斯算子的模板形式如图 4-15 所示。

将模板与图像进行卷积可以在保留图像背景的前提下，突出图像中小的细结信息，锐化之后的图像如图 4-16 所示。

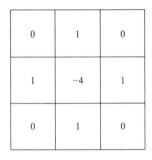

图 4-15　拉普拉斯算子
的模板形式图

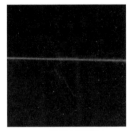

(a) 纱线灰度图　　　　　(b) 拉普拉斯锐化图

图 4-16　纱线图像的锐化处理

4.3.4　纱线条干图像的获取

利用图像处理方法检测纱线条干均匀度，其目标是在纱线黑板图像中实现纱线黑板背景与纱线目标的分离，提取纱线直径，从而分析其均匀度状况。因此研究的关键是在保持纱线边缘的真实情况前提下，排除纱线边缘处毛羽信息和噪声的干扰，获得完整清晰的纱线条干二值图像。本节研究纱线条干图像获取的方法，以得到处理后的纱线条干二值图像。常用的方法有 OTSU 阈值分割算法、形态学处理以及 FCM 聚类算法。

4.3.5　纱线条干均匀度测量和结果分析

利用像素与实际长度的对应关系计算得到纱线的测量直径，然后分析纱线均匀度的情况，比较与 Uster Classimat 5 在均匀度测量上的差异，进而设计对纱线疵点进行判定的算法，并将判定的结果与人工目测方法进行比较，从而实现纱线条干均匀度的测量与分析。

4.3.5.1　纱线直径测量

运用传统工具测量纱线直径时，会受纱线表面毛羽、截面形状不规则和纱线本身易产生变形等因素的影响，而产生较大的误差，并且计算过程比较复杂。然而借助图像处理方法，就可以通过计算机准确而迅速地测量出纱线直径，大大减少了计算量和计算误差。

4.3.5.2　纱线直径测量原理

在所获得的纱线条干图像中，纱线直径计算的关键是确定纱线的上下边缘点，纱线边缘点的确定方法如图 4-17 所示。对纱线条干图像中矩形部分进行放大，运用正方形格子代表纱线图像的像素点，由图 4-17 可以看出，纱线边缘点的确定分为以下两种情况。

（1）在图像矩阵的同一列中含有两个或者两个以上的上下边缘点，如图 4-17 所示的第一个上下边缘点和第二个上下边缘点，这种含有多个上下边缘点的情况，则纱线直径为各组上下边缘点之间的像素数目之和。

（2）图像矩阵中只有一组上下边缘点，如图 4-17 所示。这种情况下纱线直径即为上下边缘点之间的像素数目。

假设 F 为纱线条干图像的像素矩阵，A、B、C、D 分别为四个不同的矩阵，图像矩阵 F 中像素点的坐标值为 (i, j)，图像矩阵 F 中总元素的个数为 N_1，N_2 为矩阵 B 中的总元素个数减 1 后的元素数目，当前像素坐标值 i 与 j 的乘积记为 n_1 和 n_2，拟定纱线直径测量算法（后文称为扫描算法）如下。

（1）自上而下、自左而右逐列对纱线条干图像像素矩阵 F 进行扫描，如果 $F(i-1, j)=0$（"0" 表示黑色像素点，即背景黑板）且 $F(i, j)=1$（"1"

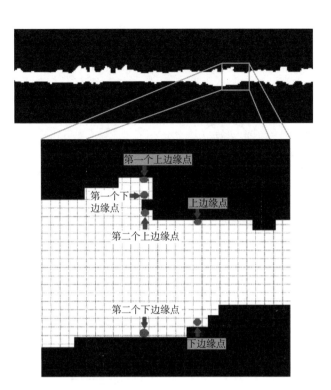

图 4-17　纱线条干边缘局部放大图

表示白色像素点，即纱线条干），则点（i，j）为纱线条干的上边界点，将此时的 i 与值 j 分别存入矩阵 **A** 和 **B** 中，否则转至步骤（2）。

（2）如果 $F(i, j) = 1$ 且 $F(i+1, j) = 0$，则点（i，j）为纱线的下边界点，此时将 i 值存入矩阵 **C** 中，否则执行步骤（3）。

（3）执行下一点，比较该点的横、纵坐标之积 n 与图像矩阵 **F** 中的元素总个数减去 1 的值 N，如果 $n > N$，则执行矩阵运算 **D = C - A**，否则，继续执行步骤（1）。

（4）判断纱线条干图像矩阵中是否存在一列中有多个边界点的情况，即矩阵 **B**（存储边界点纵坐标）中是否含有相同的相邻数据，即如果 $B(i, j) = B(i, j+1)$，则 $D(i, j) = D(i, j) + D(i, j+1)$，此时将这种存在多个边界点情况的直径数据叠加合成为一个数据值，存储在矩阵 **D** 中，否则执行步骤（5）。

（5）执行下一点，比较该点横、纵坐标之积 n 与矩阵 **B** 中的元素总个数减去 1 的值 N，如果 $n > N$，则存储矩阵 **D** 数据，计算结束，反之，跳转至步骤（4）继续执行。

纱线条干直径信息测量的流程如图4-18所示，根据此方法计算纱线图像的直径数据。

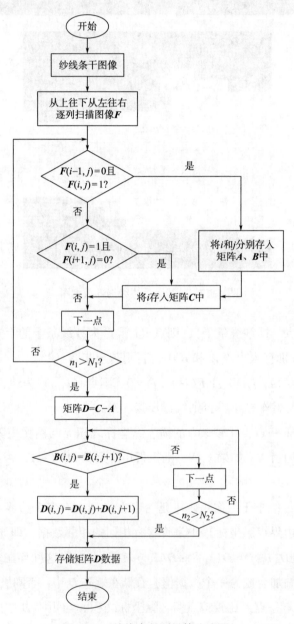

图4-18　纱线直径测量算法流程

运用图像方法进行纱线直径测量，是建立在纱线片段图像的基础上的，由于纱线不匀存在一定的随机性，所以为了避免纱线截面形状不标准等因素对纱线不匀的影响，确保直径测量结果的准确性，需要进行多次测量求取平均值以支撑纱线直径的测量值。测试中对每种待测样本每隔 0.2m 采集一次图样，同一样本采集 500 幅图像，即每种样本的测量长度为 100m。最后将所采集的 500 幅图像样本的直径数据求平均值，作为纱线样本的测量直径 d：

$$\bar{d} = \sum_{i=1}^{N} d_i / N \tag{4-20}$$

4.3.5.3　纱线直径测量结果与分析

采集到的纱线图像经过图像处理后得到纱线的条干图像，经扫描算法计算得出纱线图像每一像素列的直径数据，求取所有列直径数据平均值就可以得到纱线的测量直径，直径偏差率通过测量直径与理论直径比较得到，计算方法如下式所示：

$$直径偏差率 = \left| \frac{测量直径 - 理论直径}{理论直径} \right| \times 100\%$$

实验中对 21 英支、28 英支、32 英支、40 英支四种精梳纯棉纱线的直径进行了测量，并与理论值进行了比较，直径的测量结果见表 4-2。

表 4-2　四种棉纱线的直径测量结果

纱线规格	理论直径/mm	测量直径/mm	直径偏差率/%
21 英支	0.1950	0.1967	0.87
28 英支	0.1688	0.1648	2.37
32 英支	0.1579	0.1571	0.51
40 英支	0.1413	0.1435	1.56

从表 4-2 可以看出，上述方法所得测量直径与理论直径的最大误差在 3% 以内，测量值与理论值很接近，测量的结果比较准确，可以作为后续纱线条干均匀度分析和纱线疵点判断的依据。测量直径与理论直径之间的误差是不可避免的，存在误差的原因主要有：纱线黑板的黑度不均匀，黑板表面不够光滑，增加了图像分割过程中的干扰信息；图像倾斜校准对直径测量结果产

生影响；图像在采集的过程中噪声的存在等。

4.3.5.4 纱线条干不匀率检测原理与结果分析

纱线直径的检测和计算是分析纱线条干不匀率的基础和前提，因此先计算纱线直径，并且通过实测值与理论值的对比来验证文中所提出直径检测算法的准确性。然后根据纱线条干不匀率的计算式，设计纱线条干均匀度检测的算法，将所测得的直径代入相应程序中，运用计算机图像处理方法实现对纱线条干均匀度的定量计算。纱线条干均匀度的量化表达为了解纺纱的机械状态和纱线外观质量提供了参考。参照计算式如下：

$$CV = \frac{\sigma}{\bar{x}} \times 100\%, \ \sigma = \sqrt{\sum_{i}^{n} \frac{(x_i - \bar{x})^2}{n}} \quad (4-21)$$

纱线条干不匀率计算方法：对每一幅采集到的纱线图像求取直径平均值，将各样本图像的直径平均值作为式（4-21）中的测试点的直径值 x_i，测试点的数目 n 在此用样本图像的数目代替，本实验中的值为 500，x 即为所测得的纱线的平均直径，将以上参数值代入纱线条干不匀率计算式（4-21），即可求出纱线的条干不匀率，即以不同纱线片段之间的直径差异来表征纱线条干均匀度。

根据上述纱线条干不匀率算法的思路，通过程序设计计算出各纱线片段直径和纱线的平均直径，将计算结果代入式（4-21）中得到纱线的 CV 值。为验证该纱线条干均匀度检测算法是否可行，将算法测试结果与 Uster Classimat 5 仪器 CV 值的测量结果进行了比较，结果见表 4-3。

表 4-3　纱线 CV 值测试结果比较

纱线规格	$CV/\%$	Uster Classimat 5 测量结果/%
21 英支	12.47	10.9~12.5
28 英支	12.91	11.4~13.3
32 英支	13.72	13.3~16.4
40 英支	14.26	12.3~14.3

结果表明，Uster Classimat 5 仪器的测量结果与文中算法的测量结果有较好的一致性，并且运用图像处理方法进行纱线条干均匀度的检测，是基于纱

线外观图像进行分析的，避免了环境中温湿度变化对于检测结果的影响，结果更为客观准确。

同时由表 4-3 可知，随着纱线支数增大，纱线直径减小，而纱线的条干不匀率则有增大的趋势。这种情况主要是因为：随着纱线直径减小，纱线截面内分布的纤维根数也减少，导致纱线截面纤维分布的不匀对纱线直径的影响增大，纱线条干不匀率也逐渐增大。

参考文献

[1] 程隆棪. 纱线毛羽及其控制技术刍议 [J]. 上海纺织科技, 2006, 34 (4): 17-19.

[2] WANG X H, WANG J Y, ZHANG J L, et al. Study on the detection of yarn hairiness morphology based on image processing technique [C] //2010 International Conference on Machine Learning and Cybernetics. Qingdao, China. IEEE, 2010: 2332-2336.

[3] 陆奕辰. 基于图像处理的黑板纱线毛羽客观评定 [D]. 江苏: 江南大学, 2019.

[4] 张宏杰, 钟智丽, 刘超. 纱线毛羽的形成原因及改善措施 [J]. 棉纺织技术, 2014, 42 (9): 43-46, 63.

[5] 陈玉峰. 纱线毛羽的方向性研究 [J]. 纺织器材, 2010, 37 (1): 49-56.

[6] 余桂林. 纱线毛羽成因及控制 [J]. 纺织器材, 2008, 35 (1): 44-50, 40.

[7] 朱逸成. 纱线毛羽的成因与控制 [J]. 江苏纺织, 2002 (11): 28-29.

[8] 毛萃萃. 棉型纱线乌斯特毛羽值与毛羽根数间的相关分析 [D]. 西安: 西安工程大学, 2012.

[9] 郭会勇, 王建坤. 浅析几种毛羽测试方法 [J]. 河北纺织, 2007 (3): 75-80.

[10] 张莉, 秦志刚, 周杰. 纱线毛羽测试方法概述 [J]. 天津纺织科技, 2008 (2): 5-8.

[11] 苏继伟. 简论纱线毛羽的测试方法 [J]. 上海纺织科技, 2004, 32 (6): 60-62.

[12] 秦志强. 纱线毛羽的新型测试方法 [D]. 上海: 中国纺织大学, 2000.

[13] 谢黎路, 莫静昱, 吴佩云. 我国纱线外观质量检测技术的进步 [J]. 棉纺织技术, 2005, 33 (9): 25-30.

[14] 刘丽杰. 基于计算机图像处理技术的纱线质量检测的研究 [D]. 天津: 天津工业大学, 2007.

［15］ SUN Y Y, PAN R R, ZHOU J, et al. Analysis of detectable angles of yarn hairiness in optical measurements ［J］. Textile Research Journal, 2017, 87 (11)：1297-1307.

［16］ BARELLA A. Yarn hairiness ［J］. Textile Progress, 1983, 13 (1)：1-57.

［17］ JACKSON M, ACAR M, LIM YUEN S, et al. A vision based yarn scanning system ［J］. Mechatronics, 1995, 5 (2/3)：133-146.

［18］ CYBULSKA M. Assessing yarn structure with image analysis Methods1 ［J］. Textile Research Journal, 1999, 69 (5)：369-373.

［19］ 汤福华, 俞建勇, 张瑞云. 基于计算机视觉技术的纱线分析系统 ［J］. 中原工学院学报, 2003, 14 (1)：15-18.

［20］ 袁春燕. 基于图像处理的纱线混纺比测定 ［D］. 乌鲁木齐：新疆大学, 2013.

［21］ 陶晨. 基于图像处理技术的纱线混纺比测定 ［D］. 苏州：苏州大学, 2008.

第5章

图像处理技术在织物检测中的应用

5.1 基于图像处理技术的织物起毛起球等级评定

织物起球会严重影响其外观、风格和手感，并降低织物的服用性能，因此织物的抗起球性能是纺织品检测的一项重要指标。

5.1.1 织物起球的主观评定方法

目前常用的评定方法大多是主观方法，这些方法带有很强的主观性，评定结果会受到人为因素的影响，且不能对织物起球程度作精确定量的描述。

主观评定方法是人模拟纺织面料在使用时可能发生的摩擦情况，对织物的起球等级进行评判。主要分为标准样照法、文字描述法、切割称重法及起球曲线法等。由于切割称重法和起球曲线法对试验人员及环境要求高，难以广泛应用起来，所以目前主要的评定方法是与标准样照进行对比并结合文字描述对起球情况进行评级。这些评定方法主要有两个缺点：一是要由多个专家综合评定才能获得可靠的结果，因此，其时间成本和人力成本较高；二是这些方法主观性强，其准确性很大程度上依赖于评价人员的经验和所使用的方法，评定结果容易受到人为因素和外界环境的影响，重复性和一致性差，结果离散度大，不能对织物的起球程度作客观的评定和精确定量的描述。因此，需要寻求一种起球等级评定的客观可靠的方法。

5.1.2 织物起球的客观评定方法

随着计算机图像处理技术的不断发展以及分析算法的不断更新，近年来国内外一些研究学者利用数字图像处理技术来客观评估织物的起球等级，并取得了很大进展。这些方法主要是从空域、频域和小波分析等角度来对织物起球等级进行客观评定的。其中，空域评定织物起球等级的方法主要有两大类：一类是在起球织物灰度图的基础上进行织物起球等级的客观评定；另一类是通过距离图像即起球织物的表面高低状态来对织物起球等级进行评定。

5.1.3 图像的采集和预处理

起球织物图像采集主要是利用摄像设备、数码相机或扫描仪等设备来完成的。采集到的图像会因拍摄条件、采集设备等因素的影响，受到各种噪声源的干扰。图像采集方法的不同、光源的差异和光照角度的不同等对织物的外观和毛球的可检性影响较大，直接影响图像处理结果的稳定性和准确性。其中，利用 CCD 摄像头采集起球织物图像时，光照、相对位置等试验条件必须一致，且采集设备较贵，成本较高；用扫描仪采集到的图像往往容易失真，对织物起球等级评定的准确性有影响；而用摄像设备采集到的图像受采集角度影响较大，对取样效果也会产生影响。

因此，在进行图像处理前要对采集到的图像进行预处理，即进行图像的增强和消噪处理，其体预处理方法详见 2.2。

5.1.4 图像纹理的滤除

在织物起球等级的客观评定过程中，毛球的数量、密度、面积、高度和体积等信息是衡量起球等级的标尺。但织物纹理的存在严重干扰了毛球的提取和识别，以致对起球等级的评定产生影响，因此对织物纹理进行有效的滤除是起球织物图像处理过程中至关重要的一步。目前，利用数字图像处理技术对起球织物纹理滤除的方法大体可以分为三大类，一类是基于空域的织物纹理滤除，另一类是基于频域的织物纹理滤除，还有一类是基于小波分析的织物纹理滤除。

（1）基于空域的织物纹理滤除。在空域提取织物纹理特征值的方法主要有：灰度共生矩阵法、图像距离差法、Markov 随机场法、灰度直方图统计法。以上这些方法都是在织物灰度图的基础上进行处理的，具有原理简单、方法直观、易实现等优点。但当要处理较大的数字图像数据时，由于图像阵列很大，导致计算时间长，预测性差，从而降低其在现实工作中的实用价值。此外，这些方法大多只能定位毛球信息并不能完全分离出毛球，即不能完全消除织物纹理对毛球信息提取的影响。

图 5-1 和图 5-2 所示为 1 级和 2 级针织物样照经基于空域的纹理滤除方法滤除纹理后的效果图。

 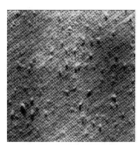

(a) 原图像　　　　　　　　　(b) 纹理滤除后的图像

图 5-1　1 级针织物样照经基于空域的纹理滤除方法滤除纹理后的图像

 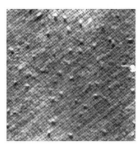

(a) 原图像　　　　　　　　　(b) 纹理滤除后的图像

图 5-2　2 级针织物样照经基于空域的纹理滤除方法滤除纹理后的图像

由图 5-1 和图 5-2 可知，基于空域的纹理滤除方法并不能完全消除织物纹理，处理后的毛球图像仍存在粗糙的底纹，不利于毛球分割和毛球特征值的提取。

（2）基于频域的织物纹理滤除。本文主要介绍二维离散傅里叶变换应用于起球织物纹理滤除的方法。傅里叶变换是一种复数变换，它把图像从空域转换到频域空间，然后在频域中分离周期性成分和非周期性成分，继而通过低通滤波器滤波，滤除对应频率域中周期性成分的纹理信息即高频信号，对这些信息滤除后，再利用傅里叶反变换，重构毛球信息，得到去除织物纹理后的毛球图像，从而实现毛球和织物纹理的分离，如图 5-3 所示。

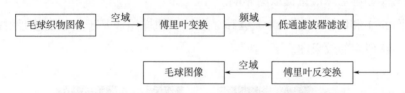

图 5-3　傅里叶变换滤除织物纹理流程图

傅里叶变换滤除织物纹理的方法处理速度快，但其灵活性和适应性相对较差，滤波半径难以掌控，且结果不够精确。图 5-4 和图 5-5 是 1 级和 2 级针织物样照通过不同滤波半径滤波后，进行反傅里叶变换得到的毛球重构图像。图中，上面为傅里叶变换的滤波半径 R，下面为对应不同滤波半径的毛球重构图。

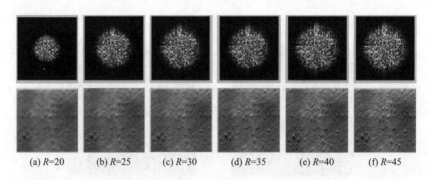

(a) $R=20$　　(b) $R=25$　　(c) $R=30$　　(d) $R=35$　　(e) $R=40$　　(f) $R=45$

图 5-4　1 级针织物样照通过不同滤波半径滤波后经反傅里叶变换的毛球重构图

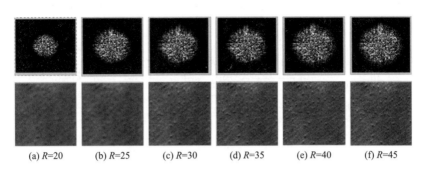

(a) R=20　　(b) R=25　　(c) R=30　　(d) R=35　　(e) R=40　　(f) R=45

图 5-5　2 级针织物样照通过不同滤波半径滤波后经反傅里叶变换的毛球重构图

　　观察对比图 5-4 和图 5-5 发现，滤波半径较小时，织物纹理基本被滤除，但得到的毛球图像较模糊，在滤除织物纹理的同时也滤除了部分毛球信息。随着滤波半径的增大，毛球图像逐渐清晰，但织物纹理未被完全滤除。因此，傅里叶变换算法可用来分析呈高周期性的图像。然而，当起球织物图像转换到频域空间并滤除高频成分后，采用反傅里叶变换重构毛球图像时会丢失空间信息，这是该方法的致命缺点。且利用傅里叶变换滤除纹理时，过分依赖于滤波半径，若滤波半径过小则所重构的织物图像呈现出织物纹理和毛球模糊不清的现象；若滤波半径过大，会导致重构的图像中织物纹理特征未滤尽。选出一个动态的滤波半径以获取带有最少织物纹理的最佳起球图像，达到织物纹理与毛球完美分离的效果是比较困难的。因此，傅里叶变换滤除织物纹理的方法不能提供足够的定位信息以分离出毛球。

　　（3）基于小波分析的织物纹理滤除。对起球织物图像采用多尺度小波分解。将织物图像的原始信号看作初始输入矩阵，通过一次小波变换后被分解成 4 个子图，即经过不同的滤波器滤波后分别得到代表原图像的不同信息。其中，通过低通滤波器得到的低频近似细节系数代表了低频的纹理与毛球信息，反映出织物纹理的周期性信息；而水平高频细节子图、垂直高频细节子图、对角线高频细节子图则是经过相应的高通滤波器后得到的，分别反映出水平、垂直以及对角方向的噪声及纹理信息。因此，在对织物图像进行多分辨率分析时，通过选择适当的小波进行多尺度小波分解，就可以将起球织物图像的主要信息分解出来，然后对分解后得到的高频信息进行多层重构即可看出每一层所代表的毛球和织物纹理的分布情况，继而分别提取相应的信息进行重构即可得到分离的织物纹理和毛球图像。图 5-6 所示为从起球织物图像中提取毛球图像的过程。

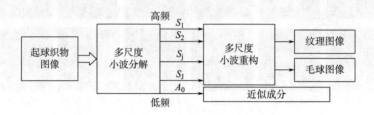

图 5-6　从起球织物图像中提取毛球图像的过程

5.1.5　图像分割

本文先使用迭代阈值分割算法自动获取最佳阈值将背景和毛球分割开。高于阈值的像素为毛球，用白色表示；低于阈值的像素为背景，用黑色表示。然后综合利用数学形态学开运算和闭运算对分割后的图像进一步处理以提取出完整的毛球并清除非毛球信息。

（1）基于边缘检测算子的图像分割方法。常用于图像边缘提取的梯度算子有 Sobel 算子、Roberts 算子、Prewitt 算子、Log 算子、Canny 算子等，其中，Sobel 算子、Roberts 算子、Prewitt 算子为一阶微分算子，Log 算子和 Canny 算子为二阶微分算子。本文选取具有代表性的 Sobel 算子和 Log 算子，对其分割原理和分割效果进行比较和分析。图 5-7 所示为采用 Sobel 算子和 Log 算子对毛球图像进行分割的效果图。

（2）基于阈值分割的图像分割方法。在织物纹理滤除后的毛球图像分割中，需要把毛球区域和背景区域分割开，最为简单有效的方法就是阈值分割法，其结果直接依赖于阈值的选择，因此如何确定最优阈值是实现有效分割的关键。全域阈值分割技术是一种自适应的阈值分割技术，比较容易实现且对不太复杂的图像能达到比较好的分割效果。对滤除纹理后的毛球图像先进行迭代阈值分割，初步分割出毛球二值图像后采用数学形态学分割算法进行优化，得到完整的毛球二值图。图 5-8 所示为采用全域值分割法的迭代阈值分割法进行毛球分割后的针织物实验效果图。

(a) 毛球图像　　　　　　(b) Sobel算子　　　　　　(c) Log算子

图 5-7　采用 Sobel 算子和 Log 算子对毛球图像进行分割的效果图

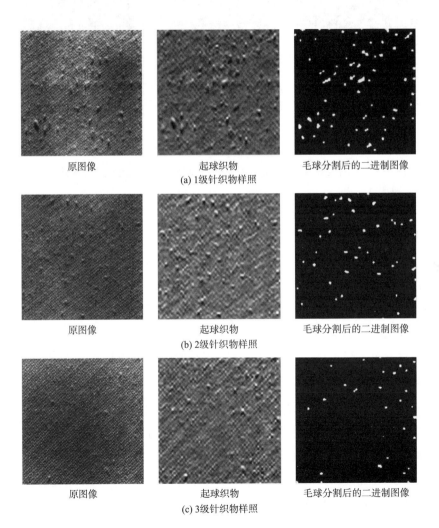

原图像　　　　　　　　起球织物　　　　　毛球分割后的二进制图像

(a) 1级针织物样照

原图像　　　　　　　　起球织物　　　　　毛球分割后的二进制图像

(b) 2级针织物样照

原图像　　　　　　　　起球织物　　　　　毛球分割后的二进制图像

(c) 3级针织物样照

图 5-8

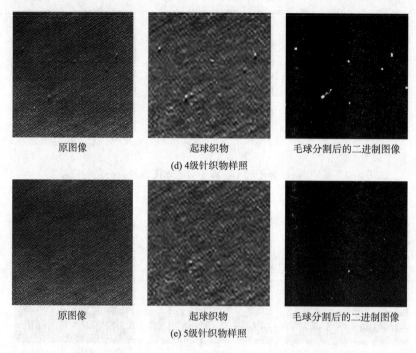

原图像　　　　　　　起球织物　　　　毛球分割后的二进制图像

(d) 4级针织物样照

原图像　　　　　　　起球织物　　　　毛球分割后的二进制图像

(e) 5级针织物样照

图 5-8　采用全域值分割法的迭代阈值分割法分割后的针织物实验效果图

5.1.6　特征参数的提取

　　提取毛球的特征参数，对毛球信息进行统计，并分析它们与起球等级之间的相关性，然后选取相关性好的参数作为评级的指标，为后面的 BP 神经网络训练评级提供依据。

　　通过比较不同等级的织物起球情况不难发现：织物起球越严重，毛球数量越多，毛球总面积也就越大，同时织物中毛球所占的比重越大，毛球在形状上就越不规则，分布的越不均匀。结合上述因素，选择提取毛球个数、毛球总面积、毛球最大面积、毛球平均面积、起球密度、毛球平均高度、毛球最大高度、毛球总体积、毛球平均体积和粗糙度等特征参数，并对这些特征值进行归一化处理，同时分析其与起球等级间的相关性系数，最终确定相关性系数较高的特征参数作为评级的指标。

5.1.7　织物起毛起球的等级评定

对提取到的特征参数与织物起球等级进行相关性分析之后，引入 BP 神经网络，将毛球个数、毛球总面积、起球密度、毛球平均高度、毛球总体积、毛球平均体积和粗糙度等 7 个相关性较好的指标作为毛球特征参数输入神经网络进行训练，进而对起球织物进行测试评级。依次对 BP 网络的输入层和输出层、隐含层、期望误差和学习速率等参数进行设定。同时对设定好的神经网络进行训练，并将实际织物样本输入训练好的网络进行测试评级，最终基本实现织物起球等级的客观评定，平均有效识别率达到 92%。

5.2　基于图像处理技术的织物疵点检测

织物疵点是在生产过程中，由原料、工艺、机械故障及人为因素等原因所导致，纺织品表面含有疵点会严重降低产品的质量，导致织物价格下降 35%~55%。检测作为产品质量控制的重要环节，在生产过程中占有重要地位，其中疵点检测更是关键的部分。目前疵点检测主要由人工来完成，但人工验布由于检出率低、速度慢、人员成本高等缺陷，无法达到高效率、高质量智能化生产要求。因此，将快速而可靠的图像处理技术应用在疵点检测中，实现织物疵点自动化检测具有重要意义，也是近年来的研究热点。

根据对织物图像处理方法不同，织物疵点检测可分为五类：基于结构的方法、基于统计的方法、基于频谱的方法、基于模型的方法以及基于学习的方法。基于结构的方法通过从织物中提取图像的基础纹理结构获得结构特征，疵点的存在破坏了原有的结构纹理，通过与正常纹理比较相似度可以检测出疵点。基于统计的方法主要利用像素及其邻域的灰度属性，分析纹理区域的灰度一阶、灰度二阶或灰度高阶属性。常用的统计方法有直方图统计法、灰度共生矩阵、数学形态学等。基于频谱的方法是利用织物纹理的周期性与频谱特性的相似，将分析频谱的方法应用于图像纹理，如傅里叶变换、Gabor 滤波、小波变换等是常用的方法。基于模型的方法是通过假设纹理服从特定分布模型和该模型的参数，从而根据此特定分布模型来判断被测图像，实现疵点检测，适用于织物表面特征变化没有规律的情况，常见的有自回归模型和马尔科夫随机场。基于学习的方法主要有字典学习、深度学习等。

另外，对织物疵点进行分类可以更好地进行织物质量的评价。为了能对疵点类型进行分类，所提取的特征被输入不同分类器。这些分类器包括具有不同类型的人工神经网络、模糊推理系统、神经模糊系统以及其他分类系统。

考虑到织物疵点检测算法繁多，难以全部罗列其原理，为深入浅出阐述织物检测算法的基本原理，直接以经典的基于局部二值模式（local binary pattern，LBP）算子及经纬向投影特征为例子，详细介绍其原理及提供相关检测结果（织物疵点检测源码见附录）。

5.2.1　特征参数的提取

机织物是由经纱系统和与之正交的纬纱系统通过特定交织规律织造而成，所形成的机织物纹理具有高度纹理特征。正常织物即无疵点织物，其表面纹理排列呈现出很高的规则度（周期性）与一致性。当有疵点出现时，规则的织物纹理都会受到或多或少的破坏，比如纹理的周期、结构取向或明暗分布等。通常根据疵点对正常纹理的破坏形式，可将疵点异常特征分为结构型、灰度型和经纬向型三类，其典型外观如图 5-9 所示。从图 5-9 中可以看出，结构型疵点通常仅改变纹理结构，对灰度值几乎没有影响；灰度型疵点通常会明显地改变纹理局部灰度值，且对纹理结构也有相应的影响，故该类疵点

(a) 结构型　　　　　　　　　(b) 灰度型　　　　　　　　　(c) 经纬向型

图 5-9　典型疵点图像

检测难度较低；而经纬向型疵点通常对正常纹理的结构和灰度影响微弱且面积较小，在实际生产中也较常见且难检测难度较高。

相比于正常纹理区域，疵点区域面积所占比例较小，具有明显的局部性和稀少性特点。为此，可以针对经纬向疵点的取向特点，对其进行经纬向投影以实现其微弱特征的增强，同时结合疵点稀少性特点，直接从整体织物样本上获取能表征局部织物纹理的特征以实现疵点的自动检测。

5.2.2　基于 LBP 的局部织物疵点检测

5.2.1.1　基于经纬向投影的局部纹理表征

LBP 是一种描述图像纹理结构的非参数算子，由于其出色的局部纹理区分能力，自提出以来已经得到广泛的应用。该方法的核心思想是以图像子窗口的中心像素点灰度值为参考值，与其邻域像素点进行比较，然后将比较所得的 0、1 逻辑值按一定顺序编码成二进制码，进而以该二进制码实现图像局部纹理特征的描述。实际应用中会将二进制码转换成相应的十进制数，计算式为：

$$F_{\text{P-R}} = \sum_{i=0}^{P-1} s(g_i - g_c) 2^i, \ s(x) = \begin{cases} 1 & x \geqslant 0 \\ 0 & x < 0 \end{cases} \tag{5-1}$$

其中：$F_{\text{P-R}}$ 为中心像素点的 LBP 特征值；P 为邻域个数；R 为圆形邻域半径；g_c 为中心像素点灰度值；g_i 为邻域像素点灰度值。

如式（5-1）所示，随着邻域 P 的增大，LBP 特征值范围所呈指数增加。在实际应用中，通常采用其简化后的等价模式（或称均匀 LBP），其 LBP 特征值种类仅有 $P(P-1)+2$，远远小于原来的 2^P 种。

$$F_{\text{P-R}} = \begin{cases} \sum_{i=0}^{P-1} s(g_i - g_c) 2^i & U \leqslant 2 \\ P(P-1)+3 & \text{其他} \end{cases} \tag{5-2}$$

其中：U 为 LBP 所得的二进制码序列首尾相连时，从 0 到 1 或是从 1 到 0 的转变次数。

考虑到机织物的特殊织造工艺，其所形成的织物纹理信息主要集中在经纱和纬纱两个方向，其所产生的多数疵点类型也呈现出较强的经纬取向性。此外，经纬向疵点通常所带来的异常范围仅涉及单根的经纱或纬纱，对纹理结构和灰度破坏皆较小，检测难度较大。为此，将局部织物图像沿水平（纬向）和垂直（经向）方向进行投影，以所得的投影向量对织物纹理进行表征。设 $K(i, j)$ 为 $w×h$ 的图像块，记其在水平和垂直方向投影所得一维向量分别为 P_h 和 P_v：

$$P_h(j) = \sum_{i=1}^{w} K(i, j)/w$$

$$P_v(i) = \sum_{j=1}^{h} K(i, j)/h$$

(5-3)

显然，式（5-3）中水平投影向量 P_h 着重反映纬向纹理特征，垂直投影向量 P_v 着重反映经向纹理特征。根据机织物组织结构的特点，正常纹理所得的投影向量仍具有规则稳定的性质，而疵点纹理尤其是经纬向疵点的投影向量则呈现出不规律或有突变情况，也就是说，投影操作能很好地增强经纬向疵点，在此基础上进行疵点区分也将变得更容易。

5.2.1.2 LBP 直方图特征计算

设织物样本为 $I(i, j)$，尺寸为 $W×H$ 像素。首先将 $I(i, j)$ 无重叠地划分为 $w×w$ 的子窗口，记为 p_i。再根据式（5-2）计算每个子窗口 p_i 在 3×3 分块的 LBP 特征值，记为 $F_{8-1}(i)$，并统计 $F_{8-1}(i)$ 在子窗口中的 LBP 特征值频率，并以此来表征纹理特征，其计算式为：

$$H(i, r_k) = \frac{N_{r_k}[F_{8-1}(i)]}{w^2}$$

(5-4)

其中：r_k 为 LBP 特征值的 k 阶灰度值；N_{r_k} 为 $F_{8-1}(i)$ 灰度阶为 r_k 的像素点个数。

根据疵点纹理的稀少性特点，直接取式（5-4）计算所得的 LBP 直方图特征 $H(i, r_k)$ 的平均值作为表征图像整体纹理特征的参考值，记为 H_{avg}。

5.2.1.3 基于 LBP 的疵点异常图计算

在获取代表正常纹理特征的 LBP 直方图特征后，将织物样本 $I(i, j)$ 有重

叠地划分为 $w×w$ 的子窗口，各子窗口之间重叠为区域 $(w-1)×w$ 或 $w×(w-1)$，记为 $\{p_t\}$。同理计算 $\{p_t\}$ 的 LBP 直方图特征，并记为 $H(t)$。显然，若子窗口 p_t 为正常纹理，则其直方图特征 $H(t)$ 与 H_{avg} 之间相似度会很高，反之则低。通过子窗口直方图特征与 H_{avg} 之间的相似度来表征疵点异常情况，并采用 χ^2 距离计算两个直方图距离，其式如下：

$$S_L(i, j) = \chi^2(H(t),\ H_{avg})$$

$$\chi^2(h_1,\ h_2) = \sum_{i=1}^{k} \frac{(h_1(i) - h_2(i))^2}{h_1(i) + h_2(i)} \tag{5-5}$$

其中：$S_L(i, j)$ 为基于 LBP 的疵点异常图；(i, j) 为子窗口 $\{p_t\}$ 中心像素点位置。

5.2.1.4　基于投影的疵点异常图计算

将所得的子窗口 $\{p_t\}$，应用式（5-3）计算其每个子窗口在水平与垂直方向的投影向量，记为 $P_h(t)$ 和 $P_v(t)$。计算水平与垂直投影向量差分平方和，记为 $D_h(t)$ 和 $D_v(t)$，并以此作为疵点异常程度的度量标准，则有：

$$S_P(i, j) = D_h(t) \circ D_v(t)$$

$$D_h(t) = \sum_{k=1}^{w-1} (P_h^{(k+1)}(t) - P_h^{(k)}(t))^2 \tag{5-6}$$

$$D_v(t) = \sum_{k=1}^{w-1} (P_v^{(k+1)}(t) - P_v^{(k)}(t))^2$$

其中：$S_P(i, j)$ 为基于投影的疵点异常图；(i, j) 为子窗口 $\{p_t\}$ 中心像素点位置；"∘" 为融合运算符。实验表明取 $D_h(t)$ 和 $D_v(t)$ 两者之间的最大值能得到最佳检测效果。

5.2.1.5　疵点异常图融合

如上所述，对局部织物图像进行投影操作可增强经纬向型疵点，而 LBP 直方图特征着重反映结构型疵点，即两者在疵点适应上存在互补性。因此，在实际检测时由于两者对疵点的响应是不同的，若直接将两者所得的疵点异常图通过简单相加进行融合势必会削弱部分疵点信息，导致最终分割效果不佳。基于此，借鉴费希尔（Fisher）准则，根据两者对疵点的响应程度，对各自所得的疵点异常图进行有权重的融合，以保证疵点区域在融合后不被削弱，其权重和融合计算式如下：

$$S(i, j) = wt * S_L(i, j) + (1 - wt) * S_P(i, j)$$

$$wt = \frac{\sigma_1/\mu_1}{\sigma_1/\mu_1 + \sigma_2/\mu_2} \tag{5-7}$$

其中：$S(i, j)$ 为融合后异常图；wt 为疵点异常图 $S_L(i, j)$ 的权重值；σ_1 和 μ_1 分别为 $S_L(i, j)$ 的标准差和平均值；σ_2 和 μ_2 分别为 $S_P(i, j)$ 的标准差和平均值。

如式（5-7）所示，σ 越大，表示疵点异常图中灰度值波动越大，对疵点响应越强；μ 越小，则说明背景比较干净，对疵点响应越弱。故 σ/μ 越大，表明对疵点响应越强且背景和疵点分离程度也越好，融合时权重应越大。为了验证式（5-7）的有效性，图5-10给出了对疵点不同响应下所得的疵点异常图与权重值实例。从图5-10可以直观地看出，投影特征对图5-10（a）中疵点的响应要明显优于LBP特征，即融合时应占较大权重。通过式（5-7）计算图5-10（c）融合时权重 $wt = 0.59$，符合预期分析，表明式（5-7）能根据对疵点的响应程度确定融合权重权。

值得注意的是，在应用式（5-7）融合前，采用极小—极大值标准化方法将 $S_L(i, j)$ 和 $S_P(i, j)$ 归一化到 [0 1] 区间，即有：归一化后的数据 =（原数据−最小值）/（最大值−最小值）。

 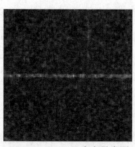 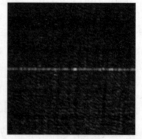

(a) 疵点样本　　　　(b) $wt=0.41$，LBP疵点异常图　　(c) $wt=0.59$，基于投影疵点异常图

图5-10　疵点异常图

5.2.1.6　疵点分割

根据疵点异常图计算式可知，疵点区域在异常图中会表现出较大的数值，适合采用简单的阈值法进行疵点分割。考虑到疵点属于小概率事件且集中分布在直方图右侧，对整体背景区域灰度值分布基本无影响。直接取异常图 $S(i, j)$ 的均值的两倍作为自适应分割阈值 T，见下式：

$$T = \frac{2}{W \times H} \times \sum_{i=0}^{W} \sum_{j=1}^{H} S(i, j) \tag{5-8}$$

5.2.1.7　测试结果

选取典型的结构型和经纬型疵点进行实验，如百脚、双纬及横档等常见疵点，图像大小为 512 像素×512 像素。所涉及的主要参数仅有子窗口尺寸 w。对于 LBP 特征而言，子窗口尺寸的选取应尽可能充分描述织物纹理特征，即选取时不宜过小，前期实验表明，w 取织物纹理最小周期的两倍左右为最佳，过大会导致对疵点纹理不敏感；而对于投影特征而言，子窗口尺寸的选取应充分反映经纬疵点，即选取时不宜过大，取织物纹理最小周期左右为最佳。因此，结合以上分析，在提取 LBP 特征和投影特征时，分别采用 16×16 和 8×8 的子窗口进行。

图 5-11 给出了基于 LBP+投影特征方法的测试结果。从图 5-11 可以看出，对经纬向疵点，如粗经和双纬，基于投影特征所得的疵点异常图要明显优于 LBP 特征。而对于结构型疵点，如百脚和稀纬，两种特征都能有效地突出有异常的疵点区域。然而对结构变异复杂的结构型疵点，如吊经，两种特征在突出该类疵点时呈现出互补性，即投影特征侧重反映有经纬向异常的区域，而 LBP 特征侧重反映宏观纹理变异区域。这也意味所提出的投影特征能有效表征局部织物纹理且具有较强的疵点区分能力，尤其是经纬向疵点，同时与 LBP 特征结合使用能更为完整地突出复合型结构变异疵点，提高了算法的鲁棒性。

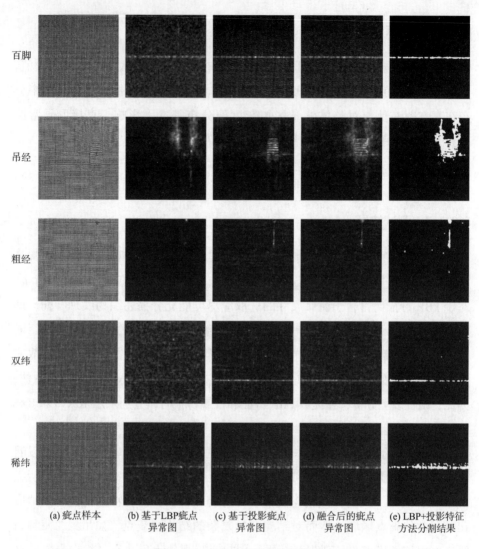

百脚

吊经

粗经

双纬

稀纬

(a) 疵点样本　　(b) 基于LBP疵点　　(c) 基于投影疵点　　(d) 融合后的疵点　　(e) LBP+投影特征
　　　　　　　　　　异常图　　　　　　异常图　　　　　　异常图　　　　　方法分割结果

图 5-11　疵点异常图及分割结果

5.3 基于图像处理技术的织物导湿性能评价

单向导湿面料是在织物吸湿快干基础上发展起来的一种新兴功能性面料，它主要利用织物内外层吸水性的差异达到水分在织物中单向传递的效果。目前，常用的织物导湿性能的检测方法有人工滴液法，但该法对润湿面积或半径的测量复杂，主观性强。也有学者将图像处理技术运用到织物导湿性能的测量中，通过形态学处理、分割方法的不断改进，快速精准地获得了织物各时刻的润湿面积。本节通过导湿理论与流体方程的引入，探究了织物扩散速率与吸水性能的函数关系，改进了传统图像法检测指标单一的弊端，检测流程如图 5-12 所示，主要涉及的内容如下。

（1）润湿图像的获取。本节设计了一个实验装置，该装置利用精密导管控制注入液体的流速和总量，并在该装置的承物台上、下各放置摄像头，同时获取织物内、外层图像，最后利用定时取帧的方式将图像传输到计算机中等待处理。

（2）水滴轮廓面积的测量。计算机接收图像组后，先后对图像进行形态学、图像分割等处理并获得织物轮廓，通过像素的量化计算其润湿面积以及半径实际尺寸，并用称重法与实际结果对比，结果显示图像法测得的面积与实际面积误差在 5% 以内，但图像法的速度更快。

（3）织物导湿性能指标的计算。水分扩散速率的测量是要在获得液滴的实际润湿半径后，绘制半径—时间曲线，以水分累计的扩散速率作为其评价指标。然后将织物导湿理论简化，并对实验条件做出限定后引入流体力学方程，探讨织物吸水速率与扩散速率的函数关系，经验证该函数关系具有可信度，能实现对织物吸水速率的测量。最后通过对织物吸水速率—时间曲线的积分之差，计算织物内外层含水量之差，获得织物单向导湿能力。

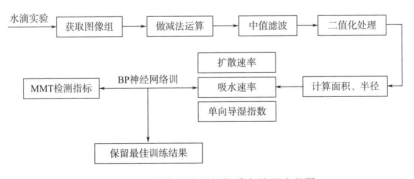

图 5-12　图像法检测织物单向导湿流程图

（4）织物导湿能力的评级训练。用液态水分管理测试仪（MMT）检测织物的导湿性能，并对图像法和 MMT 法所测得的数据结果做相关性分析。参照 MMT 法，将图像法测得的各项性能指标作为输入函数，将 MMT 法对织物做出的导湿等级评价作为输出函数，放入 BP 神经网络中评级训练。结果显示，图像法对 2~5 级导湿等级的织物训练结果准确度较高，能达到 90% 以上，但对于 1 级织物训练结果较差，需要后续的改进。

5.3.1　图像的采集和预处理

5.3.1.1　水滴轮廓的采集

纱线的存在导致织物表面凹凸不平，再加上织物花色等因素的影响，使得织物本身在图像各个位置的灰度值存在较大差异。同时，随着水分在织物中的不断扩散，润湿边缘区域的含水量明显低于中心区域，该边缘区域的水分对图像灰度值的影响较弱。因此，利用传统分割算法难以准确获取水滴轮廓，容易使得二值化图像整体"瘦于"原始图像。但滴液后，织物由于水分的作用会让其润湿部分的透光度增加，其灰度值随之下降越靠近中心区域的灰度值下降月明显。而图像的减法运算可以很好地突出这一特性。图 5-13 为吸水后某某织物 6 个时刻水滴在织物上的润湿图像与织物原图分别做减法运算后得到的图像。

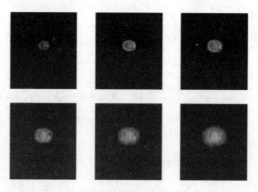

图 5-13　分割算法后织物图像

5.3.1.2 图像的增强处理

在进行减法操作之后，织物图像的灰度值会有所下降，故而其图像会明显变暗，而且像素间的灰度差异也会随之减小。

利用图像所体现的灰度值在全图内的分配情况来实现织物图像的对比增强，通常采用的是直方图均衡化。本文在使用均衡灰度的基础上，使用规定化建立目标直方图，即通过灰度映射函数将初始图改成所需要的直方图。设 r、z 分别为原始织物图像灰度级和规定化后织物图像灰度级，规定化的具体步骤如下。

（1）利用直方图均衡化对原织物图像进行处理。

（2）对步骤（1）所得图像继续均衡化处理，得到新的灰度级。

（3）利用所得到的复合函数之间的相互关系，对原织物图像进行规定化规范处理。

5.3.1.3 图像的中值滤波处理

水滴在织物的扩散过程中，边缘处吸水量逐渐减少，对该处织物灰度值影响也随之减弱。同时，在织物图像的录入传输过程中容易受到脉冲噪声的影响，产生大量的白色小噪点，影响轮廓的提取。中值滤波能较好地改善以上状况，能消除椒盐噪声。中值滤波前后织物图像的效果如图 5-14 所示。

(a) 中值滤波前织物图像　　　　　　　　　(b) 中值滤波后织物图像

图 5-14 中值滤波前后的织物图像

5.3.1.4 图像的二值化

利用图像的二值化将灰度图上所有点的灰度值转化为 0 或 255，即水滴图像在色彩上只展现黑色和白色两种效果。对水滴图像进行二值化分析，首先要把原图灰度二值化，得到二值化图像。然后只需要针对图像像素点位置坐标以及灰度值 0 和 255 对应的位置作分析，不存在原有的多灰度级，简化了原有的处理过程。

5.3.2 水滴半径及面积的确定

经过前期的图像增强、中值滤波以及二值化等处理后，已经能近似地获得水滴轮廓。在最终处理后的图片中，仅存在代表润湿区域的白色部分以及代表未润湿区域的黑色部分。分别统计白色像素点个数和图像总像素点个数，利用白色像素点个数与图像总像素点个数之比乘以织物实际面积即可得到轮廓实际面积，称为像素比法求润湿面积。

对于织物实际面积的确定，往往是将织物裁剪成特定大小的标准形状。但多数织物本身质地柔软，需要利用专业的裁剪机才能获得所需要的标准布样。为了方便高效地获得标准布样，制作了两块 12cm×12cm 的镂空铁片，其中镂空部分为 10cm×10cm 的正方形。在采集图片时，将织物夹于两块铁片之间，就等同于对织物进行标准裁剪，也赋予了织物一定张力，改善了织物因自身重力下垂而带来的影响。另外，由于摄像头的全覆盖性，对图像的摄入不可能只含有布样，如图 5-15（a）所示，在摄像时会不可避免地将实验台摄入到图像中。对此，可以将铁片镂空边缘部分与摄像边缘区域重合，同时保证摄像头高度不变，如此便能确保所有图像的大小一致，又能使织物在整张图像中的相对位置保持不变。最后利用程序批量剪切出铁片镂空区域，如图 5-15（b）所示，即可获得只含有织物部分且已知织物实际尺寸的图像。

(a) 摄入的织物原图　　　　　　　(b) 剪切后的织物图像

图 5-15　剪切前后的织物图像

5.3.3　织物导湿性能检测

5.3.3.1　水滴半径的确定

　　水分在织物中的扩散主要可以分为两个阶段，第一个阶段是由织物一面向另一面渗透的芯吸阶段。对于部分吸水性能较好的纯棉、黏胶纤维等织物，芯吸发生的时间通常较短，往往会在几秒内完成，用人工或图像处理的方法都不容易捕捉到，因此对于这一过程通常不做研究。第二个阶段是毛细输送阶段。经过芯吸后，水分已经扩散到织物内部，表面已经没有水分存在。织物是由多数纤维构成的几何体，纤维之间存在着孔洞、间隙的毛细管。由于构成纤维的分子中存在亲水性基团，对孔洞、间隙间的水分子产生作用力，使水分子沿着毛细管向四周渗透扩散。结合泊肃叶定律，发现流体流速符合下式关系：

$$Q = \sqrt{\frac{\pi^2 \sigma \cos\theta}{8\eta t}} \times r^{2.5}$$

$$q = \sqrt{\frac{\sigma \cos\theta}{8\pi t}} \times r^{0.5} \tag{5-9}$$

　　当控制注水速度相同时，流体扩散半径的 2.5 次方与织物的孔隙率成正相关。织物孔隙率越大，织物间的缝隙越大，织物的密度越小。因此受织物在经纬或横纵方向上密度差异的影响，且差异越大，水分在各个方向上的流动差异也就越大。

通过对不同密度织物的滴液实验发现，水滴的渗透痕迹大致可以分为四种类型。如图 5-16（a）、（b）所示，由于该类织物纱线经纬密度分布不均匀，前者为圆形，后者为椭圆形；将经纱与纬纱分别用亲水性纤维与疏水性纤维，就可以形成如图 5-16（c）所示的条形痕迹；同时，如图 5-16（d）所示，通过对织物组织结构的变化，织物吸水后还可以形成特定的花样形状。

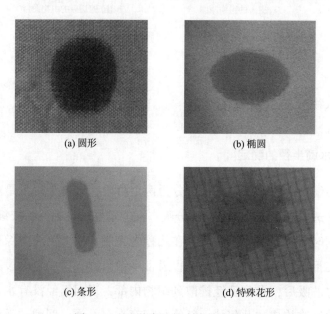

(a) 圆形　　　　　　　　　　　　　(b) 椭圆

(c) 条形　　　　　　　　　　　　(d) 特殊花形

图 5-16　几种常见的水滴轮廓形状

5.3.3.2　织物水分扩散速率的计算

本设计参考 MMT 中扩散速率的计算方式，先计算得到各时刻水分的扩散速率，然后对所得速率累加求和，并以该速率作为水分在织物中扩散的最终参考评价指标，其计算式如下：

$$v = \sum_{t}^{N} \frac{R_{i+1} - R_i}{t_i - t_{i-1}} \tag{5-10}$$

其中：t_i、R_i 分别第 i 时刻对应的水分润湿半径，$i = 1, 2, 3 \ldots$

表 5-1 和表 5-2 为两种方法测得数据的部分结果对比，由表可知，两者所得结果接近且绝大多数误差都在 10% 以内。

表 5-1　外层水分扩散速率（mm/s）

织物编号	图像法	MMT	误差率/%	织物编号	图像法	MMT	误差率/%
机织物 1	3.92	4.24	7.78	机织物 14	3.08	3.09	5.67
机织物 2	4.76	4.95	7.91	机织物 15	5.68	6.62	2.07
机织物 3	4.6	4.21	1.7	机织物 16	6.12	5.96	6.54
机织物 4	5.96	6.12	8.38	机织物 17	6.72	7.02	0.16
机织物 5	2.48	2.69	6.91	针织物 1	6.36	6.67	0.48
机织物 6	2.56	2.35	2.44	针织物 2	2.98	3.01	1.83
机织物 7	4.04	4.28	1.91	针织物 3	3.84	4.02	9.89
机织物 8	3.92	3.68	7.33	针织物 4	3.8	3.95	1.41
机织物 9	4.32	4.01	0.18	针织物 5	4.92	6.12	0.94
机织物 10	7.36	7.81	2.68	针织物 6	3.12	3.22	5.02
机织物 11	5.16	5.22	1.82	针织物 7	6.36	5.93	0.21
机织物 12	5.64	5.61	3.62	针织物 8	7.12	7.42	1.02
机织物 13	6.92	6.69	0.18	针织物 9	4.84	5.21	6.98

表 5-2　内层水分扩散速率（mm/s）

织物编号	图像法	MMT	误差率/%	织物编号	图像法	MMT	误差率/%
机织物 1	3.08	3.34	7.55	机织物 14	2.05	1.94	0.32
机织物 2	3.03	3.29	3.84	机织物 15	15.78	15.46	14.19
机织物 3	4.02	3.95	9.26	机织物 16	4.56	4.28	2.68
机织物 4	2.95	3.22	2.61	机织物 17	6.13	6.12	4.27
机织物 5	6.34	5.93	7.81	针织物 1	6.24	6.21	4.64
机织物 6	2.79	2.86	8.94	针织物 2	3.21	3.27	0.99
机织物 7	5.33	5.23	5.61	针织物 3	3.28	3.64	4.47
机织物 8	3.66	3.41	6.52	针织物 4	3.52	3.57	3.79
机织物 9	5.44	5.43	7.73	针织物 5	4.27	4.23	19.61
机织物 10	6.17	6.34	5.76	针织物 6	2.51	2.39	3.11
机织物 11	4.47	4.39	1.15	针织物 7	4.92	4.93	7.25
机织物 12	8.88	8.57	0.53	针织物 8	7.87	7.79	4.04
机织物 13	5.65	5.64	3.43	针织物 9	2.13	2.29	7.12

5.3.3.3　织物水分扩散速率的最终评定

图 5-17 所示为某 4 块织物各时刻的水分扩散速率曲线图，速率的计算受织物原料组成、密度等多方面的影响，其水分扩散速率曲线有很大区别。

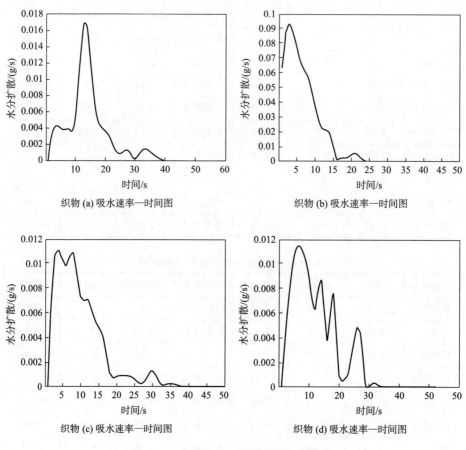

织物 (a) 吸水速率—时间图

织物 (b) 吸水速率—时间图

织物 (c) 吸水速率—时间图

织物 (d) 吸水速率—时间图

图 5-17　织物水分扩散速率时间曲线图

如图 5-18（a）、（b）所示为利用公式换算后的拟合效果，表 5-3 和表 5-4 为对应的数据对比表，由拟合图和表中数据可以看出，经拟合后绝大多数图像法所得数据结果与 MMT 法测得的结果接近，普遍误差在 5% 以内，可以认为两种方法具有公式所示的函数关系：

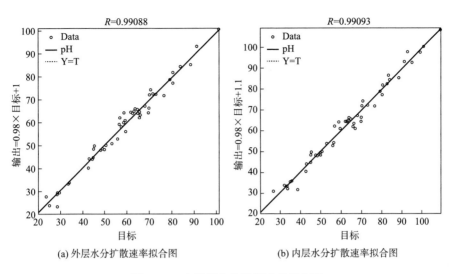

(a) 外层水分扩散速率拟合图   (b) 内层水分扩散速率拟合图

图 5-18 内外层水分扩散速率拟合图

表 5-3 外层水分扩散速率拟合数据对比表 (%/s)

织物编号	图像法	拟合后	MMT	织物编号	图像法	拟合后	MMT
机织物 1	10.69	61.62	66.83	机织物 14	6.88	93.31	91.39
机织物 2	33.42	54.66	52.92	机织物 15	9.12	79.39	79.31
机织物 3	7.17	97.73	99.38	机织物 16	23.07	65.13	69.77
机织物 4	21.71	65.64	63.29	机织物 17	10.32	85.69	88.52
机织物 5	4.93	86.98	83.47	针织物 1	42.93	82.96	82.74
机织物 6	4.79	92.88	95.19	针织物 2	42.31	100.11	101.14
机织物 7	5.71	66.31	64.82	针织物 3	7.39	108.26	109.39
机织物 8	19.97	55.01	56.37	针织物 4	8.51	97.74	92.91
机织物 9	12.23	72.51	76.52	针织物 5	15.12	84.77	83.98
机织物 10	6.23	65.13	62.83	针织物 6	6.95	77.93	80.42
机织物 11	11.86	67.05	83.88	针织物 7	22.93	74.90	70.76
机织物 12	5.87	64.24	69.11	针织物 8	22.64	65.05	58.88
机织物 13	10.69	82.25	80.61	针织物 9	31.98	62.77	65.72

表 5-4　内层水分扩散速率拟合数据对比表（%/s）

织物编号	图像法	拟合后	MMT	织物编号	图像法	拟合后	MMT
机织物 1	7.66	58.77	57.67	机织物 14	2.06	11.27	11.27
机织物 2	25.67	48.92	50.01	机织物 15	22.34	40.54	42.54
机织物 3	8.42	72.75	70.26	机织物 16	13.62	49.32	49.30
机织物 4	7.71	59.97	56.58	机织物 17	12.72	49.05	45.05
机织物 5	11.01	51.53	53.53	针织物 1	34.22	68.02	68.02
机织物 6	4.55	60.74	58.66	针织物 2	31.43	73.11	73.11
机织物 7	12.77	45.18	44.92	针织物 3	9.99	64.95	64.95
机织物 8	14.21	53.52	55.94	针织物 4	7.25	48.42	48.42
机织物 9	8.04	67.11	69.97	针织物 5	21.22	50.40	45.40
机织物 10	4.47	61.85	59.51	针织物 6	4.95	50.72	50.72
机织物 11	8.47	73.24	71.82	针织物 7	15.46	65.15	62.15
机织物 12	12.45	44.61	42.95	针织物 8	16.94	65.66	65.66
机织物 13	6.47	33.02	33.45	针织物 9	14.66	62.92	56.91

$$\log(y_1) = a_1 \times \sin(b_1 \times \sqrt{x_1} + c_1) + a_2 \times \sin(b_2 \times \sqrt{x_1} + c_2) + a_3 \times \sin(b_3 \times \sqrt{x_1} + c_3) \tag{5-11}$$

式中，x、y 分别为 MMT 法和图像法测得的外层织物吸水速率，其中，$a_1 = 18.84$，$b_1 = 0.72$，$c_1 = -1.32$；$a_2 = 10.16$，$b_2 = 1.04$，$c_2 = 0.49$；$a_3 = 1.25$，$b_3 = 7.45$，$c_3 = 4.19$；

$$\log(y_2) = a_1 \times \sin b_1 \times \sqrt{x_2} + c_1 + a_2 \times \sin(b_2 \times \sqrt{x_2} + c_2) + a_3 \times \sin(b_3 \times \sqrt{x_2} + c_3)$$
$$+ a_4 \times \sin(b_4 \times \sqrt{x_2} + c_4) \tag{5-12}$$

式中，x、y 分别为 MMT 法和图像法测得的内层织物吸水速率，其中，$a_1 = 14.51$，$b_1 = 1.06$，$c_1 = -0.94$；$a_2 = 7.16$，$b_2 = 1.54$，$c_2 = 1.09$；$a_3 = 1.05$，$b_3 = 9.34$，$c_3 = 0.33$；$a_4 = 0.56$，$b_4 = 5.69$，$c_4 = -5.39$。

5.3.3.4　扩散速率的相关性分析

图 5-19 为对 MMT 法和图像法测得的此指标数据分别取对数和 0.5 次方变换后代入下式，由图 5-19 可以看出变换后数据具有良好的二次函数关系。

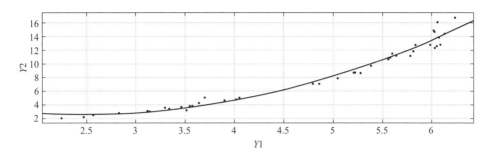

图 5-19　单向导湿传递能力数据拟合图

$$RR = \sum \left(\frac{M_{i+1} - M_i}{M_i} \times 100\% - \frac{N_{i+1} - N_i}{N_i} \times 100\% \right) \qquad (5\text{-}13)$$

其中：M、N 分别表示第 i 时刻织物的含水量；RR 为织物单向导湿传递能力。

$$\log(y) = 1.03x^2 - 2.42x + 4.28 + g(t)$$

$$g(t) = (120 - t)\tan 3° \qquad (5\text{-}14)$$

其中：x、y 分别为图像法和 MMT 法检测的单向导湿传递能力；$g(t)$ 为修正函数。

5.4 基于图像处理技术的织物密度检测

　　密度是机织物的结构参数，是企业进行生产的重要依据。机织物密度是指织物在无张力和褶皱条件下 10cm 长度所包含的经纱根数或纬纱根数。目前，企业在进行来样仿造、大规模生产和质量控制时，仍需人工借助放大镜等设备进行织物密度等参数的分析。此类人工分析的方法虽然具有一定的准确性，但分析过程耗时费力，极易受到检测人员的主观影响，难以适应如今纺织企业小批量、多品种、紧交期的生产模式。因此，利用图像处理技术进行织物密度的自动检测，对于纺织企业缩短产品周期、减少人工成本、提高产品质量具有重要意义。

　　目前，关于织物经纬纱密度自动检测的方法的研究成果很多，主要分为空域法、频域法和基于深度学习的方法。

空域法通过获取织物图像中经纬纱线的灰度值分布，对灰度变化特征进行提取分析，获取表示织物表面特征的信息进行织物密度的检测。应用较多的空域法主要包括灰度投影、自相关函数、灰度共生矩阵等方法。此类方法更加符合人类视觉系统的感知，方法相对简单，但基于灰度投影的方法不能很好地处理纱线弯曲的情况。

频域法根据织物中经纬纱线排列的周期性变化，将图像从空间域转换到频率域，进行一系列处理后再转换回空间域，分析其频谱特征，最终计算出织物的经纬纱密度。目前采用较多的频域法主要包括傅里叶变换、小波变换和 Gabor 滤波等。此类方法能够很好地定位纯色织物的纱线，但对于色织物和密度不均匀的织物存在一定的误判。

以卷积神经网络（CNN）为基础的深度学习技术，通过端到端的模型训练获取定位纱线的热力图，实现经纬纱密度的自动计算。此类方法适用于不同种类的机织物，但模型训练需要一定的计算资源和标注数据集。

由于基于图像处理的织物密度检测算法较多，此处以频域中经典的傅里叶变换方法和基于小波变换的简单组织织物密度检测为例，对织物密度的检测原理进行介绍（织物密度检测源码见附录）。

5.4.1 基于傅里叶变换的织物密度检测

基于傅里叶变换的织物密度检测的核心思想是将织物图像从时域转换到频域，采用滤波模板对频率信息进行处理，只保留经纱或纬纱信息，对纱线根数进行统计，即可计算出织物的经纬纱密度。基于傅里叶变换的织物密度检测步骤如下。

（1）采集织物图像，并进行灰度处理。

（2）采用二维离散傅里叶变换处理织物灰度图像，得到频谱图。

（3）建立纱线滤波模板，对频谱图进行滤波，得到滤波后的频谱图。

（4）采用傅里叶逆变换对滤波后的频谱图进行重构，得到只包含经纱或纬纱信息的重构图像。

（5）利用阈值处理方法处理重构图像，以便于获取纱线位置信息。

（6）建立基准线，统计基准线上纱线的根数和距离数据，并根据图像的方法倍数进行计算，得到经纱或纬纱密度。

　　以典型的平纹织物为实例，对上述步骤进行详细阐释。采用透射模式采集织物图像，以便于更清晰地呈现织物中经纬纱线的分布。在采集到的图像中，纱线间隙透过的光照强度较大，呈现高亮度，而纱线条干部分透过的光较少，呈现低亮度，如图 5-20（a）所示。为了便于后续处理，首先将采集到的图像进行灰度处理，得到如图 5-20（b）所示的灰度图像。

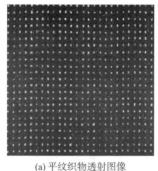 

(a) 平纹织物透射图像　　　　　　　　(b) 处理后的灰度图像

图 5-20　平纹织物透射图像及其灰度图像

图 5-21　织物图像的频谱图

　　在采集到的织物图像中，经、纬纱交织在一起，无法直接利用一般的计数方法统计单位长度内的纱线根数来计算织物的密度。要实现对织物密度的测量，需采用傅里叶变换方法实现经、纬纱的分离。利用二位离散傅里叶变换处理采集到的图像，得到织物图像的频谱图像，并将低频信号移到图像的中间，将高频信号移到图像的四周，如图 5-21 所示。在低频区中分布着代表经纬纱周期性信号的特征峰点，在图中表现为局部亮点。

　　根据傅里叶变换前后信号的对应关系，代表织物经纱的信号（竖直方向的一组纱线）在频域中主要表现为沿着直流信号的水平频带。如果纱线分布理想，代表经纱周期性的峰点位置的纵坐标位置与直流信号相同。然而，由于纱线交织张力的影响，使得纱线在织物中通常处于弯曲状态。而且在采集图像时，竖直方向的倾斜同样会导致纱线未处于理想的状态。为了保证选择的特征频带中包含经纬纱的特征峰点，在选择的基准线上、下各浮动 3 个像素点，根据采集的图像大小构建一个只包含 0 和 1 的滤波模板 $TP(u, v)$。其中，0 表示滤除该点的信息，1 表示保留该点的信息。如图 5-22（a）所示，选择水平线上、下 3 个像素点，共计 7 个像素点，作为重构经纱的滤波模板。将转换后的傅里叶频谱与滤波模板进行点乘操作，得到重构经纱的特征频带 $\mathrm{InvF}(u, v)$，见下式，效果如图 5-22（b）所示。

$$\mathrm{InvF}(u, v) = P(u, v) \times TP(u, v) \tag{5-15}$$

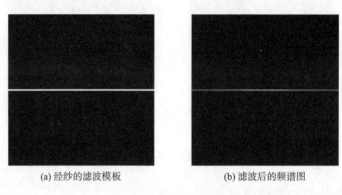

(a) 经纱的滤波模板　　　　　　　　　(b) 滤波后的频谱图

图 5-22　经纱的滤波模板及滤波后的图像

对于重构的信号，采用傅里叶逆变换进行处理，将重构的信号以图像形式进行呈现，得到经纱重构图如图 5-23 所示。在重构的图像中只包含经纱信息，纬纱信息已被滤除，便于对经纱根数进行统计。与图 5-20 相比，图 5-23 中的经纱位置和状态与原织物图像保持一致，较亮的区域表示纱线间隙，较暗的区域表示纱线位置。据此，通过对图 5-23 中的经纱进行计数，便可计算织物的经纱密度。

通过确定经纱的位置，对经纱根数进行计数，即可测量经纱密度。由于重构的经纱和间隙之间的灰度差异较大，可采用阈值处理方法对图 5-23 的图像进行阈值处理，得到纱线的位置分布，如图 5-24 所示。黑色部分表示经纱，白色部分表示经纱间隙。不同区域之间亮度差异较小，可直接采用 OTSU 阈值法进行处理。如果不同区域之间亮度差异较大，可采用局部阈值法进行处理获取纱线的位置分布信息。

图 5-23　重构后的经纱信号

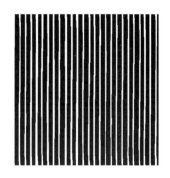

图 5-24　阈值处理后的经纱分布

为了对经纱根数进行计数，选择图像中间的一条水平线作为测量基准线，如图 5-25 所示。沿着基准线从左向右进行遍历，统计基准线上的完整纱线根数。基准线上的起始部分为纱线或间隙，不作为测量基准点，而以相反的信号作为基准，即当第一个点为白点时，以第一个黑点作为起始点，反之则相反。在选择结束点时，则以与起始点相异的最后一个完整纱

图 5-25　纱线计数基准线

线点或间隙点作为结束点。图 5-25 中，起始点为黑色像素点，即以第一根纱线左侧的黑点作为起始点，以最后一个完整的纱线间隙位置右侧的白点作为结束点。由于基准线上只有 0 和 1 两种像素点，当相邻两个像素点分别为 0 和 1 时，则为纱线与纱线间隙的交替点。当出现与起始点一致的信号交替点时，则表示统计到了一根纱线，据此即可统计基准线中包含的纱线根数。

获取起始点、结束点和纱线根数后，根据图像的放大倍率可计算织物的经纱密度 D_{warp}（根/英寸），计算式为：

$$D_{warp} = \frac{2.54N}{(EP - SP + 1) \times \text{Scale}} \quad (5-16)$$

其中：N 为纱线根数；EP 和 SP 分别为结束点和起始点；Scale 为图像的放大倍率（cm/pixel）。

本实例中，N 为 25 根，EP 和 SP 分别为 505 和 6，Scale 为 0.004545cm/pixel，据此可计算出经纱密度 D_{warp} 为 27.94 根/英寸。

同理，可对织物的纬纱密度进行测量，测量过程如图 5-26 所示。首先通过构建滤波模板进行滤波，得到滤波后的纬纱频带，如图 5-26（a）所示。然后根据频带进行纬纱信号重构，如图 5-26（b）所示。接着对重构的纬纱信号进行阈值处理，得到纬纱的位置信息，如图 5-26（c）所示。采用同样的方法，可计算出纬纱密度 D_{weft} 为 24.99 根/英寸。

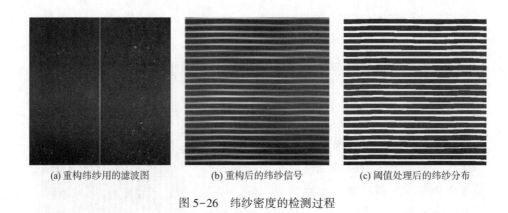

(a) 重构纬纱用的滤波图　　　　　(b) 重构后的纬纱信号　　　　　(c) 阈值处理后的纬纱分布

图 5-26　纬纱密度的检测过程

5.4.2　基于小波变换的简单组织织物密度检测

5.4.2.1　简单组织织物的小波变换

对二维图像进行一维小波变换，可以将织物图像分解得到近似图像信息和细节图像信息，即低频部分分量和高频部分分量。然后，高频部分可以继续分解得到一组高频和低频分量，而低频部分也可以继续分解得到另一组高频和低频分量。最终，一幅二维图像通过小波变换后被分解成为四个部分。二维小波变换比一维小波变换多了对高频信息分量沿水平方向和垂直方向上的更细致的分解，将高频部分进一步分解成水平细节分量、垂直细节分量和对角细节分量，因此一级分解后可以获得：近似细节分量、水平细节分量、垂直细节分量和对角细节分量四个部分。将近似分量继续小波分解得到新的四个分量，理论上来说这个分解过程可以一直持续下去，如图 5-27 所示。

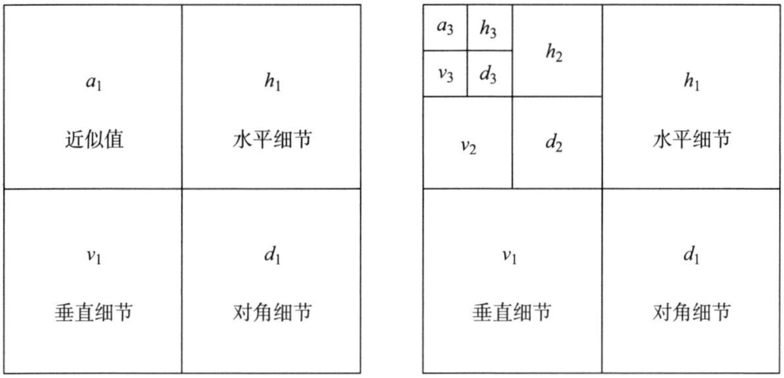
a_1
近似值
h_1
水平细节
v_1
垂直细节
d_1
对角细节
a_3
h_3
v_3
d_3
h_2
v_2
d_2
h_1
水平细节
v_1
垂直细节
d_1
对角细节

图 5-27　小波一级及三级分解图

通过 MATLAB 中自带的小波函数 wavedec，来实现对二维信号 X（即简单组织织物图像）的多尺度二维小波变换处理，程序运行式为：[C，S] = wavedec2（X，N，wname）。wname 为根据需求选择的小波基函数，N 为分解级数，C 为每一级的分解系数，S 为每一级分解系数的长度。首先需要选定一个小波基函数，考虑到小波变换的特性和织物分解的各种需求，选择 biorthogonal 小波函数（缩写为 bior），表示形式为 biorNr. Nd，重构的最长长度为 $2Nr+1$，分解的最长长度为 $2Nd+1$，滤波器长度最大可达到（$2Nr$，$2Nd$）+2，小波函数的消失矩阶数为 $Nr-1$，非常适合应用在图像的分解与重构中。参考过往研究，发现选择 bior5. 5 小波基函数来处理效果最好，因此使用 bior5. 5 小波基函数对二维信号 X（即织物图像）进行 $k(k=7)$ 级（尺度）分解并重构，将每个尺度下分解得到的高频细节分量重构并整合到一起，得到该小波分解尺度处理后的织物重构细节图像，效果如图 5-28 所示。

观察上面的处理结果可知，织物图像在经过不同的小波分解尺度处理后，最终得到的重构细节图像都有着或大或小的区别，这就意味着重构细节图像对于织物重要信息的保留程度也很不一样。对于图 5-28 所示织物图像来说，当小波分解尺度 $k>4$ 时，图像信息开始出现丢失，即使将分解后的细节分量全部整合，通过肉眼也可以看出与处理前的织物图片区别很大，说明对于这个织物图像来说，分解尺度 $k>4$ 的处理并没有意义，无法给出准确的织物经

原图　　　　　　　　k=1　　　　　　　　k=2　　　　　　　　k=3

k=4　　　　　　　　k=5　　　　　　　　k=6　　　　　　　　k=7

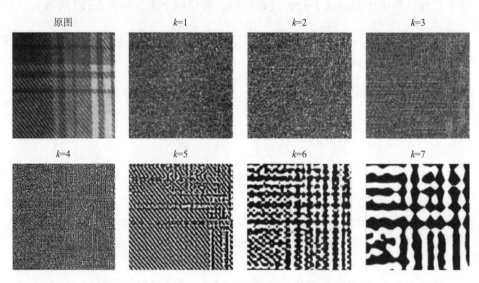

图5-28　同一织物经过不同尺度 k 分解重构结果

纬密纱线信息，甚至导致许多关键信息的丢失。将图5-28中的织物图像经过 k=1、k=2、k=3 和 k=4 这四个小波分解尺度分解并重构后的垂直高频细节分量和水平高频细节分量信息单独提取出来，如图5-29所示。

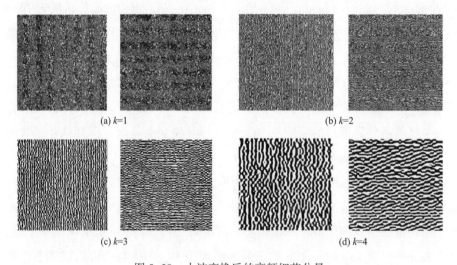

(a) k=1　　　　　　　　　　　　　(b) k=2

(c) k=3　　　　　　　　　　　　　(d) k=4

图5-29　小波变换后的高频细节分量

5.4.2.2 小波变换后高频细节分量优化

本文选用误差扩散抖动法的二值化方法，误差扩散抖动法是一种基于最小误差的全局阈值法，原理是先用阈值将图像的像素进行量化，得到一个二值输出，然后将图像上每一点像素点的原灰度值和被置换后的灰度值（即 0 或 255）之间的量化误差按照选定的误差分配表按一定的比例扩散到领域像素，使得局部量化的误差在领域像素上得到补偿。这样处理使得二值化后的结果在保持使图像变成黑白交替的前提下，也看起来与原来的灰度图接近，避免了置换后信息丢失的问题。既减少了计算机的计算量，也很好地保护了图像细节信息。对小波分解和重构后的细节分量进行二值化处理时，因为在前一步最优小波分解处理时，样本织物在相关系数曲线和能量曲线的方法下得到的最优分解级数不同，因此对样本织物的两个不同分解级数下的细节分量都进行处理，得到的处理效果如图 5-30 所示。

垂直细节二值图像　　　水平细节二值图像　　　　垂直细节二值图像　　　水平细节二值图像

(a) 样本一细节分量二值化图像　　　　　　　(b) 样本二细节分量二值化图像

图 5-30 样本织物在两个不同分解级数下的细节分量二值化图像

5.4.2.3 高频细节分量图像平滑处理

这里的平滑处理是基于在纱线是光滑且无较大毛羽的理想情况下状态的，对于二值化处理后的图像，若一行或是一列中的像素灰度值为 1 的比例过半，则这个灰度值代表了这一行或这一列的具体形态。具体过程就是计算二值化细节图像的每一行或是每一列中灰度值为 1 的像素点个数，如果灰度值为 1 的像素点个数超过了这一行或这一列所有像素点个数总和的一半，那么这一行或这一列的具体表现形态就是灰度值 1，即这一行或列呈现白色，与之相对的若是灰度值为 0 的像素点个数超过总数的一半，那么这一行或列的具体表现形态就是灰度值 0，即这一行或列呈现黑色。通过这样的处理来使代表经纬纱线的分量变直，达到平滑处理的效果，方便下一步计算经纬纱线根数。平滑处理后的垂直、水平细节图像如图 5-31 所示，同细节分量优化处理一样，对样本织物的两个不同分解级数下的细节分量都进行处理，得到的平滑处理效果如图 5-31 所示。

平滑后垂直细节图像　　　平滑后垂直细节图像　　　平滑后垂直细节图像　　　平滑后垂直细节图像

(a) 织物一平滑后的细节分量图　　　　　　　(b) 织物二平滑后的细节分量图

图 5-31　样本织物在两个不同分解级数下的平滑后的细节分量图

5.4.2.4　简单组织织物密度检测结果和分析

通过研究计算机处理代替人工自动检测简单组织织物的经纬密，为了更好地得知设计方法的准确性，需要将计算机图像处理后得到的简单组织织物经纬密度结果和人工测量结果进行对比。

以织物的垂直细节分量图为例，设定织物单位长度为 10cm，织物密度单位采用国家法定单位"根/10 厘米"，织物的图像宽度为 d（单位为像素）。统计垂直细节分量图的一行中连续黑色像素点总数就可以得到水平方向上的纱线根数 S，用连续黑色像素点总数 S_j 除以织物图像宽度 d，就可以得到水平方向上的纱线排列密度即经纱排列密度 M（单位为根/像素）。根据 CCD 相机参数可以得知相机的分辨率，通过分辨率可以求得单位厘米像素点个数 p（单位为像素/厘米），最后将 M 与 p 相乘再乘以单位长度 10cm 就得到法定单位的织物经纱密度。织物经纱密度 P_j 计算式如下：

$$M_j = S_j \div d$$
$$P_j = M_j \times p \times 10$$

(5-17)

纬纱密度计算同理，织物图像长度为 l，统计水平细节分量图中一列连续黑色像素点累加个数 S_w，纬纱排列密度为 M_w，简单组织织物纬纱密度 P_w 计算式如下：

$$M_w = S_w \div l$$
$$P_w = M_w \times p \times 10 \tag{5-18}$$

5.5　基于图像处理技术的织物组织点的自动识别

5.5.1　图像的预处理

织物图像采集过程存在光学系统失真、噪声、图像倾斜等诸多因素的影响，导致采集的织物组织图像质量下降，对织物检测分析产生一定的影响，所以在对织物图像进行识别分析之前需要对织物组织图片进行预处理。预处理的目的是增强织物组织图片，提高后续织物组织检测分析的效率和准确性。织物组织图像的预处理包含灰度化、去噪、图像增强、二值化等。

此外，图像在倾斜状态下不利于图像分割和识别处理，图像倾斜矫正的目的是将织物图像进行适当旋转，使得经纱垂直排列，以更有效地分割出经纬组织点。Hough 变换和 Radon 变换是检测倾斜角最常见的方法，通过实验对比，本节采用 Hough 变换对图像进行倾斜矫正。

5.5.2　织物组织点的分割

5.5.2.1　灰度投影法

常规织物的组织点分割是通过经、纬向灰度投影均值曲线来实现。灰度投影法是利用灰度投影均值曲线的波谷作为纬纱间隙和经纱间隙来分割和定位组织点。灰度投影均值的计算式如下：

$$P_{avgy}(y) = \frac{\sum_{x=1}^{S_n} G(y, x)}{n} \tag{5-19}$$

$$p_{avgx}(x) = \frac{\sum\limits_{y=1}^{S_m} G(y, x)}{m} \qquad (5-20)$$

其中：x 为图片像素的横向位置；y 为图片像素的纵向位置；$G(y, x)$ 为图像某个元素的灰度值；$p_{avgy}(y)$ 为某一行的灰度投影均值；$p_{avgx}(x)$ 为某一列的灰度投影均值；S_m、S_n 分别为图像的行和列。

常规的灰度投影法对于理想的织物分割效果较好，但是对于存在缺陷的织物分割效果并不理想。利用灰度投影法对理想的和存在缺陷的织物进行分割的分割图，如图 5-32 所示。由于纱线的相互作用力和外力的影响，使得经纬纱线并非是互相垂直的状态，如图 5-32（c）所示。由图 5-32（b）、（c）可以看到，纬线倾斜时的织物分割图并没有很好地分割出经纬组织点。对于纬线倾斜时的织物，本文采用改进的灰度投影法进行分割图像。

(a) 理想的织物图像　　(b) 理想织物图像的　　(c) 纬线倾斜时的织物　　(d) 纬线倾斜时的
　　　　　　　　　　　　局部放大图　　　　　　　　　　　　　　　　　局部放大图

图 5-32　织物图像和局部放大分割图

5.5.2.2　改进的灰度投影法

对于纬线倾斜的织物，本文采用改进的灰度投影法进行处理，基本流程如下。

（1）假设织物图像的大小为 $S_m \times S_n$，对织物图像进行垂直灰度投影，对获取到的灰度均值 $L \times S_n$ 的矩阵 $\boldsymbol{A}_a$ 进行取反操作，计算式如下：

$$\boldsymbol{A}_{ap} = 1 - \boldsymbol{A}_a \qquad (5-21)$$

（2）对取反灰度均值 $\boldsymbol{A}_{ap}$ 进行小波滤波去除杂峰，剔除局部极小值，获取极小值，得到所有极小值的位置矩阵 $\boldsymbol{L}_{ap}$，即为所有经纱间隙位置。

（3）根据 L_{ap} 经纱间隙位置对图像进行分割，分割出 n_{ap} 条经线。

（4）对每一条经线进行横向灰度投影，获取到的灰度均值 $L \times S_m$ 矩阵 $\boldsymbol{A}_b$ 进行取反操作。通过小波滤波，局部极值剔除获取极小值 L_{bp}，即为每一条经线的纬纱间隙位置。总共有 n_{ap} 个 $\boldsymbol{A}_b$，n_{ap} 个 L_{bp}，每条经线的 $\boldsymbol{A}_b$ 和 L_{bp} 一一对应。

（5）每一条的经线根据 L_{bp} 经纱间隙位置对图像进行分割，即能输出织物图像的组织点的分割图。

图 5-33 所示为灰度投影法改进前后的分割效果比较，在分割纬线倾斜的织物时，相较于常规方法，改进的灰度投影法分割经纬组织点更准确，能够准确地识别组织点，提高了纬线倾斜时的织物的分割准确度，同时提高了后续的识别的准确率和效率。

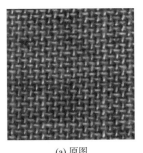  

(a) 原图　　　　　(b) 灰度投影法分割图　　　(c) 改进的灰度投影法分割图

图 5-33　方法改进前后的局部分割图效果比较

5.5.3　织物组织点的识别

为解决组织点分类的判别问题，常用算法有 K-means 聚类、FCM 聚类、EM 算法的高斯混合模型等算法。

5.5.3.1　K-means 聚类算法

K-means 聚类算法是一种迭代求解的聚类分析算法（无监督学习），其步骤为先将数据分为 K 组，再随机选取 K 个对象作为初始的聚类中心，然后计算每个对象与各个种子聚类中心之间的距离，把每个对象分配给距离它最近的聚类中心。聚类中心以及分配给它们的对象就代表一个聚类。每分配一个样本，聚类的聚类中心会根据聚类中现有的对象被重新计算。这个过程将不断重复直到满足某个终止条件。终止条件可以是没有（或最小数目）对象被重新分配给不同的聚类，没有（或最小数目）聚类中心再发生变化或者误差平方和局部最小。

5.5.3.2 FCM 聚类算法

FCM 聚类算法是一种基于划分的聚类算法（无监督学习），它的思想就是使得被划分到同一簇的对象之间相似度最大，而不同簇之间的相似度最小。FCM 聚类算法是普通 C 均值算法的改进，普通 C 均值算法对于数据的划分是硬性的，而 FCM 是一种柔性的模糊划分。柔性聚类算法更看重隶属度，隶属度在 [0，1] 之间，每个对象都有属于每个类的隶属度，并且所有隶属度之和为 1，即更接近于哪一方，隶属度越高，其相似度越高。

5.5.3.3 EM 算法的高斯混合模型

高斯混合模型（Gaussian mixture model，GMM）是由多个高斯分布组成的模型，其总体密度函数为多个高斯密度函数的加权组合。由主成分分析（PCA）降维技术得到的数据集 $X_{n \times b}$，共有 n 个样本（n 个组织点），b 项特征（$b=3$），K 个类别（$K=2$）。

高斯密度函数公式为：

$$N(x_i \mid \mu_k, \ \text{cov}_k) = \frac{1}{\sqrt{(2\pi)^b \mid \text{cov}_k \mid}} e^{-\frac{(x_i - \mu_k)\text{cov}_k^{-1}(x_i - \mu_k)^T}{2}} \tag{5-22}$$

其中：μ_k 和 σ_k^2 为第 k 个高斯分布的均值和方差；cov_k 为协方差。每个 x_i 样本的概率密度函数（高斯混合模型）如下：

$$p(x_i) = \sum_{k=1}^{K} \pi_k N(x_i \mid \mu_k, \ \sigma_k^2) \tag{5-23}$$

EM 算法的高斯混合模型的算法流程如下。

（1）选择初始簇的中心位置和形状。

（2）重复直至收敛。

5.5.4　实验对比及其结果与分析

通过扫描仪提取 70 多张不同材质三原组织机织物的图片，并采用随机抽样的方式提取 8 张机织物图片进行试验。织物图片使用组织点的灰度共生矩阵作为特征数据，获得每个组织点的 10 个特征数据，得到组织点特征数据集 $Z_{n\times10}$。通过 PCA 降维技术，把每个组织点的 10 个特征数据，降维到 3 个特征数据，得到 $X_{n\times3}$。图 5-34（a）为图 5-33 织物的组织点可视化的体现，3 个降维的特征数据分别为特征 1、特征 2、特征 3，每个点代表一个组织点。亮的点为纬组织点，暗的点为经组织点。

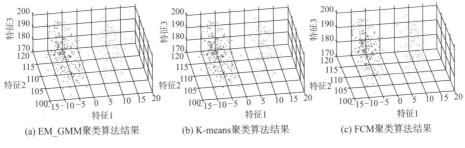

(a) EM_GMM聚类算法结果　　(b) K-means聚类算法结果　　(c) FCM聚类算法结果

图 5-34　聚类结果可视化图

通过本文的识别方法和 K-means 以及 FCM 对数据 $X_n\times3$ 进行识别，表 5-5 所示为本文算法、K-means 聚类算法和 FCM 聚类算法输出的图 5-33 织物分类结果图。对输出的结果图进行对比可知，本文算法的效果要比其余两种算法的效果要好。

表 5-5　实验结果表

试样编号	织物图片	组织点分割图	本文算法组织图	K-means 聚类算法组织图	FCM 聚类算法组织图
1					

133

续表

试样编号	织物图片	组织点分割图	本文算法组织图	K-means 聚类算法组织图	FCM 聚类算法组织图
2					
3					
4					

参考文献

［1］邓文. 基于小波变换的织物起球等级的客观评定［D］. 武汉：武汉纺织大学，2012.

［2］周圆圆. 基于数字图像技术的织物起毛起球等级评定［D］. 无锡：江南大学，2010.

［3］刘海高. 织物起毛起球的原因分析及其改进措施探讨［J］. 天津纺织科技，2011（3）：17-19.

［4］曹飞，汪军，陈霞. 织物起球标准样照的图像分析［J］. 东华大学学报（自然科学版），2007，33（6）：751-755.

［5］王晓红，姚穆. 用图像分析技术评价织物起球［J］. 纺织学报，1998，19（6）：336-339，3.

［6］祝双武，郝重阳. 基于 PCNN 的织物起球图像的分割［J］. 中国图像图形学报，2007，12（7）：1230-1233.

［7］康芳，张鹏飞. 织物起毛起球研究现状分析与展望［J］. 上海纺织科技，2006，34

（12）：5-7.

[8]　RAMGULAM R X，AMIRBAYAT J，PORAT I. The Objective Assessment of Fabric Pilling. Part I: Methodology [J]. Journal of the Textile Institute，1993，84：221-226.

[9]　吕文涛，林琪琪，钟佳莹，等. 面向织物疵点检测的图像处理技术研究进展 [J]. 纺织学报，2021，42（11）：197-206.

[10]　DIVYADEVI R，KUMAR B V. Survey of automated fabric inspection in textile industries [C] //2019 International Conference on Computer Communication and Informatics（ICCCI）. Coimbatore，India. IEEE，2019：1-4.

[11]　GAO G S，ZHANG D，LI C L，et al. A novel patterned fabric defect detection algorithm based on GHOG and low-rank recovery [C] //2016 IEEE 13th International Conference on Signal Processing（ICSP）. Chengdu，China. IEEE，2016：1118-1123.

[12]　LI C L，GAO G S，LIU Z F，et al. Defect detection for patterned fabric images based on GHOG and low-rank decomposition [J]. IEEE Access，2019，7：83962-83973.

[13]　ZHU D D，PAN R R，GAO W D，et al. Yarn-dyed fabric defect detection based on autocorrelation function and GLCM [J]. Autex Research Journal，2015，15（3）：226-232.

[14]　DEOTALE N T，SARODE T K. Fabric defect detection adopting combined GLCM，Gabor wavelet features and random decision forest [J]. 3D Research，2019，10（1）：5.

[15]　ARNIA F，MUNADI K. Real time textile defect detection using GLCM in DCT-based compressed images [C] //2015 6th International Conference on Modeling，Simulation，and Applied Optimization（ICMSAO）. Istanbul，Turkey. IEEE，2015：1-6.

[16]　REBHI A，ABID S，FNAIECH F. Fabric defect detection using local homogeneity and morphological image processing [C] //2016 International Image Processing，Applications and Systems（IPAS）. Hammamet，Tunisia. IEEE，2016：1-5.

[17]　任欢欢，景军锋，张缓缓，等. 应用 GIS 和 FTDT 的织物错花缺陷检测研究 [J]. 激光与光电子学进展，2019，56（13）：94-99.

[18]　LI Y D，ZHANG C. Automated vision system for fabric defect inspection using Gabor filters and PCNN [J]. SpringerPlus，2016，5（1）：765.

[19]　厉征鑫，周建，潘如如，等. 应用单演小波分析的织物疵点检测 [J]. 纺织学报，2016，37（9）：59-64.

[20]　吴莹，汪军，周建. 基于离散余弦变换过完备字典的机织物纹理稀疏表征 [J]. 纺织学报，2018，39（1）：157-163.

[21]　ZHOU J，SEMENOVICH D，SOWMYA A，et al. Sparse dictionary reconstruction for tex-

tile defect detection ［C］//2012 11th International Conference on Machine Learning and Applications. Boca Raton, FL, USA. IEEE, 2012: 21-26.

［22］ ZHU Z W, HAN G J, JIA G Y, et al. Modified DenseNet for automatic fabric defect detection with edge computing for minimizing latency ［J］. IEEE Internet of Things Journal, 2020, 7 (10): 9623-9636.

［23］ TILOCCA A, BORZONE P, CAROSIO S, et al. Detecting fabric defects with a neural network using two kinds of optical patterns ［J］. Textile Research Journal, 2002, 72 (6): 545-550.

［24］ CHOI H T, JEONG S H, KIM S R, et al. Detecting fabric defects with computer vision and fuzzy rule generation. part II: Defect identification by a fuzzy expert system ［J］. Textile Research Journal, 2001, 71 (7): 563-573.

［25］ HUANG C C, CHEN I C. Neural-fuzzy classification for fabric defects ［J］. Textile Research Journal, 2001, 71 (3): 220-224.

［26］ HUANG C C, YU W H. Fuzzy neural network approach to classifying dyeing defects ［J］. Textile Research Journal, 2001, 71 (2): 100-104.

［27］ LIN J J. Pattern recognition of fabric defects using case-based reasoning ［J］. Textile Research Journal, 2010, 80 (9): 794-802.

［28］ NGAN H Y T, PANG G K H, YUNG N H C. Automated fabric defect detection: A review ［J］. Image and Vision Computing, 2011, 29 (7): 442-458.

［29］ LI C, LI J, LI Y F, et al. Fabric defect detection in textile manufacturing: A survey of the state of the art ［J］. Security and Communication Networks, 2021, 2021: 9948808.

［30］ KAHRAMAN Y, DURMUŞOĞLU A. Deep learning-based fabric defect detection: A review ［J］. Textile Research Journal, 2023, 93 (5/6): 1485-1503.

［31］ 胡立文. 基于图像处理的织物单向导湿检测方法研究 ［D］. 武汉: 武汉纺织大学, 2022.

［32］ 张才前. 织物各向异性导湿性能研究 ［D］. 西安: 西安工程科技学院, 2005.

［33］ 赵宇涛. 基于图像处理的棉/亚麻纤维自动检测 ［D］. 武汉: 武汉纺织大学, 2020.

［34］ 潘如如. 基于数字图像处理的机织物结构参数识别 ［D］. 无锡: 江南大学, 2010.

［35］ MENG S, PAN R R, GAO W D, et al. Automatic recognition of woven fabric structural parameters: A review ［J］. Artificial Intelligence Review, 2022, 55 (8): 6345-6387.

［36］ TECHNIKOVA L, TUNAK M. Weaving density evaluation with the aid of image analysis ［J］. Fibres & Textiles in Eastern Europe, 2013, 21 (2): 74-79.

［37］潘如如，高卫东，李忠健，等．基于傅里叶图像分析的机织物密度检测［J］．中国
　　　科技论文，2015，10（20）：2416-2421.

［38］MENG S，PAN R R，GAO W D，et al. A multi-task and multi-scale convolutional neural
　　　network for automatic recognition of woven fabric pattern［J］．Journal of Intelligent Manu-
　　　facturing，2021，32（4）：1147-1161.

［39］彭然，胡立文，邓中民．基于 Radon 变换和能量曲线的机织物密度检测［J］．棉纺
　　　织技术，2021，49（4）：16-20.

［40］陈仕创．机织物组织结构自动识别技术研究［D］．杭州：浙江大学，2019.

［41］张江丰，樊臻，张森林．基于核模糊聚类的机织物组织自动识别［J］．纺织学报，
　　　2013，34（12）：131-137.

第6章

图像处理技术在非织造
产品检测中的应用

6.1 基于图像处理技术的非织造产品纤维直径分布检测

　　非织造材料是由纤维原料直接构成的纤维集合体，因此纤维的基本性能和分布情况对非织造产品的性能具有重要影响。纤维的直径会影响非织造材料的体积密度、强度以及手感，因而测量非织造材料的直径是十分必要的。测量非织造纤维直径的传统方法有显微镜投影法和电照镜测量法。在纤维直径的识别中，借助计算机视觉和模式识别技术对非织造材料的结构性能进行了评估和研究，其中对纤维的取向分布和排列情况的研究主要有三种方法——直接追踪法、傅里叶变换法、流场分析法。本章对非织造纤维直径的测量主要是采用 CCD 相机连续采集非织造纤维网中单根纤维的透射光投影图，这样能避免纤维体与非纤维体的鉴别。再采用中值滤波去除噪声，利用 Canny 边缘检测算法提取纤维的两侧边缘线，进行曲线拟合得到纤维的倾角，根据纤维倾角与纤维水平或竖直宽度的关系得到纤维的直径，并对纤维直径的分布情况进行了初步分析。

6.1.1　图像的采集和预处理

将大小约2cm×2cm的非织造布样品放在 XTL-1 型摄影体视显微镜的载物台上，采用透射光照射，由 CCD 相机采集实时图像经采集卡输入计算机，其图像采集设备如图 6-1 所示。

该显微镜总的放大倍数为 200 倍左右，为了使测量数据更精确，采用测微尺进行标定，该测微尺为将 1mm 均分 100 份，即最小刻度值为 10μm，通过计算得到图像的分辨率为 0.6633μm/像素。保持该分辨率以及一定的亮度、对比度，得到计算机视频显示的图像，其大小为 1024 像素×1280 像素，如图 6-2 所示。

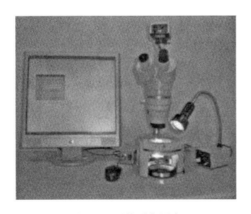

图 6-1　图像采集设备　　　　图 6-2　计算机视频显示的图像

为了避免在许多纤维中识别单根纤维、纤维交叉以及聚焦的影响，需要采集如图 6-3 所示的单根纤维的图像，其大小约为 100 像素×100 像素。图 6-3 (a)~(c) 分别以与水平方向的夹角为锐角、直角、钝角的三根纤维为例，显示了采集到的单根纤维的图像。

采集得到的纤维图像由于光源稳定性等因素，不可避免地会出现一些噪声。采用中值滤波去除图像中的噪声，即取像素点邻域中各像素灰度值的中间值作为滤波器的输出。

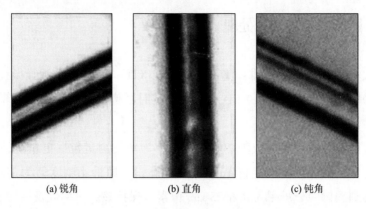

(a) 锐角　　　　　　　(b) 直角　　　　　　　(c) 钝角

图 6-3　采集到的单根纤维图像

6.1.2　纤维边缘线检测

在采集到的非织造纤维图像中，由于采用透射光源，背景部分比较亮，因此背景区域的像素灰度值也较大，而纤维区域由于遮挡了光线而显得比较暗。在纤维的边缘线，即背景和纤维交界处，这部分区域的像素由亮变暗或由暗变亮，像素灰度值变化比较剧烈，纤维边缘线的像素灰度值对应的一阶微分会出现极大值或极小值，这就是一阶边缘检测算子的原理：通过查找图像一阶微分的极值点来得到边缘所在的位置。本文采用 Canny 边缘检测算法来检测纤维的边缘线，该算法是利用高斯函数的一阶微分，它能在噪声抑制和边缘检测之间取得较好的平衡，提取的边缘也十分完整，且边缘的连续性很好。

图 6-3 中的图像经过中值滤波后再进行边缘检测的图像如图 6-4 所示。由图 6-4 可看出，纤维的边缘检测中出现了双边线，这可能是因为光源照射到非织造布上时，散射光在空间呈现出一定的分布，其强度分布与平行光束的入射条件和非织造布的结构特征有关。

假设非织造布由许多各向同性的圆柱形纤维构成，每根纤维又可看成为由许多长度单元组成，那么入射光束从该纤维散射元上产生的散射光呈一个圆锥形散射面，散射圆锥的轴线方向和顶角大小与入射激光相对纤维线元的

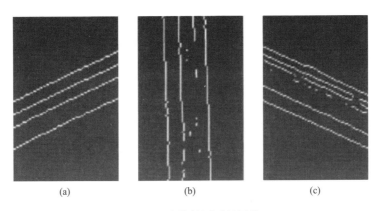

(a)　　　　　　　　(b)　　　　　　　　(c)

图 6-4　边缘检测后的图像

位置有关。所以会使纤维体上的光线呈一定的分布，因而纤维边缘处理后，边缘处不仅只有一条边缘线，但是鉴于选择的是纤维体与背景的分界线，故可以判断出外边缘线为纤维的边缘线。

6.1.3　纤维直径的计算

纤维的边缘线与裁剪时拉的矩形框的交点有两种情况，一种情况是边缘线与矩形框的行相交，如图 6-4（b）所示；另一种情况是边缘线与矩形框的列相交，如图 6-4（a）和（c）所示。对于第一种情况，首先要创建一个与采集后图像同等大小的 0 矩阵 a，该矩阵中记录下纤维边界值。然后进行逐行扫描，若找到第 i 行中，在满足 $f(i, j) = 1$ 的点中，所在列的最大值 j_{max} 与最小值 j_{min}，那么 $f(i, j_{max}) = 1$，$f(i, j_{min}) = 1$，赋值给矩阵 a，即 $a(i, j_{min}) = 1$，$a(i, j_{max}) = 1$，作为每行纤维的左、右边界点。对于第二种情况，需要进行逐列扫描，找到每一列纤维的边界点，同理可得纤维的边界点。

6.1.3.1　斜率的计算

对于第一种情况，图像矩阵口，逐行扫描找到满足 $a(i, j) = 1$ 且所在列为最小值的点，将这些点进行曲线拟合，可以得到纤维左边缘线的斜率。同理，对于图像矩阵 a，逐行扫描找到满足 $a(i, j) = 1$ 且所在列为最大值的点，将这些点进行曲线拟合，可以得到纤维右边缘线的斜率。两者取均值作为该纤维的斜率 k，通过反正切变换得到倾角，在 $-90° \sim 90°$ 之间。第二种情况，同理。

6.1.3.2 由几何关系计算纤维直径

对于第一种情况，得到的数组 a，分别找到第一行与中间一行中 $f(i, j)=1$ 的两点间距离，两者取均值得到 z，再找到纤维倾角 θ 与直径 d 之间的关系 ［图 6-5 (a)］，如下式所示：

$$d = l \times \sin\theta \tag{6-1}$$

$$d = l / \sqrt{1+k^2} \tag{6-2}$$

其中：k 为纤维的斜率。

同理可得，第二种情况下纤维倾角 θ 与直径 d 之间的关系 ［图 6-5 (b)］，如下式所示：

$$d = l \times \cos\theta \tag{6-3}$$

$$d = \mid k \mid \times l / \sqrt{1+k^2} \tag{6-4}$$

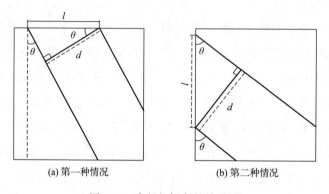

(a) 第一种情况　　　　　　　　(b) 第二种情况

图 6-5　直径与倾角的关系图

6.1.4　数据处理与分析

测量纤维直径的传统方法是显微镜投影法，它是将薄型非织造布在显微镜下放大 500 倍，对目标纤维用楔形尺测量其直径，再采用计数法，算出纤维的平均直径。本文将传统方法与图像处理方法的测试结果进行对比分析。统计两种方法得到的直径数据在一定直径范围内的个数，然后将得到的个数除以总的纤维个数，得到该范围内直径分布的百分率，最后采用 excel 作图，以及直径的分布图。

　　采用克重为 18g 的非织造材料作为试样一，克重为 15g 的非织造材料作为试样二。得到的数据见表 6-1 与表 6-2。

表 6-1　图像处理方法与传统方法的对比

方法 范围/μm	试样种类	图像处理方法		传统方法	
		根数	百分比/%	根数	百分比/%
<14	试样一	6	6.19	1	0.95
	试样二	6	5.77	0	0
14~16	试样一	6	6.19	0	0
	试样二	7	6.73	0	0
16~18	试样一	14	14.43	19	18.09
	试样二	24	23.08	53	50
18~20	试样一	26	26.8	22	20.95
	试样二	46	44.23	31	29.25
20~22	试样一	24	24.74	38	36.19
	试样二	17	16.35	21	19.81
22~24	试样一	9	9.28	12	11.43
	试样二	3	2.88	1	0.94
24~26	试样一	6	6.19	7	6.67
	试样二	0	0	0	0
26~28	试样一	4	4.12	3	2.89
	试样二	0	0	0	0
28~30	试样一	0	0	0	0
	试样二	1	0.96	0	0
>30	试样一	2	2.06	3	2.89
	试样二	0	0	0	0

　　由表 6-2 中均值与方差的数据，可以看出试样二采用图像处理方法与传

统方法得到的纤维直径均值相差 0.049%，试样一采用图像处理方法与传统方法得到纤维直径均值相差 2.94%，但是两个试样图像处理得到的数据方差比传统方法得到的数据方差都稍偏大，这是由于在图像处理方法中，编程处理获得的纤维直径存在着异常值，若对异常值进行处理，方差会变得很小。

表 6-2　图像处理方法与传统方法均值与方差的对比

试样	图像处理方法		传统方法
试样一	均值/μm	19.92	20.5
	方差	4.6	3.2
试样二	均值/μm	18.2	18.2
	方差	3.0	1.3

将样品采用图像处理方法与传统方法获得的直径分布作图后进行对比，如图 6-6 与图 6-7 所示。由图 6-6 可以看出，试样一图像处理方法得到的纤维直径与传统方法得到的纤维直径分布相比，前者较集中，图像处理方法得到的纤维直径主要分布在 18~22μm，而传统方法得到的纤维直径主要分布在 20~24μm，并且在 20~22μm 更为集中。

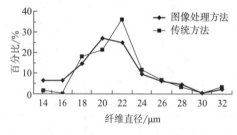

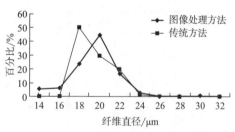

图 6-6　试样一传统方法与图像处理法
　　　　得到的纤维直径分布

图 6-7　试样二传统方法与图像处理法
　　　　得到的纤维直径分布

由图 6-7 可以看出，试样二图像处理方法与传统方法得到的纤维直径分布的情况相似，只是图像处理方法得到的纤维直径主要分布在 18~20μm，而传统投影方法得到的纤维直径主要集中在 20~22μm。

综上所述，本文通过图像分析法对非织造材料图像进行采集、预处理，采用 Canny 算法的边缘检测方法提取纤维的边缘线，然后编程处理并通过曲线拟合以及纤维倾角与直径的几何关系得到纤维的直径，进而得到非织造纤维直径的分布图，并与传统测量方法进行比较，得出图像处理方法具有一定的可行性的结论。

6.2　基于图像处理技术的非织造产品均匀性检测

非织造布无论是用作过滤材料还是增强材料，其均匀性都将直接影响过滤效率及力学性能。非织造布的均匀性反映的是纤维在非织造布中纵横向及整体的分布情况，常用不匀率表示。其检测方法有取样称重法、厚度测定法、电容测试法、激光扫描法等，其中取样称重法和厚度测定法较常见，但这些方法都只是通过测定非织造布的面密度、厚度或其他指标来达到间接表征均匀性的目的，无法准确直观地从纤维分布情况上获得非织造布的均匀性。数字图像处理技术自 20 世纪 20 年代问世以来便获得了飞速的发展，其实用性强、应用面广。将图像处理技术应用于非织造布的均匀性检测，可弥补传统取样称重法等方法的不足，直观准确地描述纤维的缠结状态，从而测定出非织造布的均匀性。

6. 2. 1　图像的采集和预处理

通过平板扫描仪对非织造布的图像进行采集。考虑到材料厚度过大会对试验结果的准确性产生影响，本检测方法仅适用于厚度小于 5mm 的非织造布试样。扫描时，将非织造布裁剪成 20cm×20cm 规格的样品置入扫描仪内。采用平板扫描仪成像的原因：一是显微镜需用的试样尺寸过小，无法结合传统取样称重的结果验证图像分析法的可行性；二是相较于一般的拍摄手段，扫描仪能克服光线等其他环境因素的影响，还原出真实且利于分析的图像。

由于从平板扫描仪获得的原始拼接图像信息量大，且存在一定的景深影响以及部分噪声的干扰，故在进行图像分析之前对其进行预处理十分必要。本节将以黄麻水刺布为例，大致的图像预处理流程如图 6-8 所示。

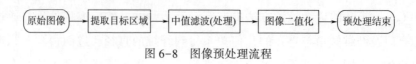

图 6-8　图像预处理流程

6.2.1.1　提取目标区域

平面扫描仪采集样品图像时，背景需要铺上黑布以提高对比度，这有利于后续的处理。但实际获得的图像周围仍会存在部分背景［图 6-9（a）］，这会影响预处理的效果。此外，对样品进行分割、检测均匀性时，也需要完整的不含黑色背景的样品图像。因此，准确高效地提取目标区域是预处理的第一步，也是随后进行均匀性检测的保障。

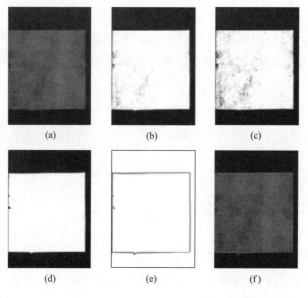

图 6-9　提取目标区域流程

先以较小的阈值对图 6-9（a）进行二值化，目的是使目标与背景尽可能地分离，效果如图 6-9（b）所示。二值化后，目标区域与背景区域都出现了一定量的噪声点，可利用形态学的腐蚀与膨胀很好地去除这些杂点，令目标与背景完全分离，腐蚀的效果如图 6-9（c）所示。经过多次的开运算处理后，图像处理结果如图 6-9（d）所示，其目标区域无黑点，背景区域无白

146

点，此时能够进行轮廓的提取。图 6-9（e）所示为提取出的目标区域的轮廓，接着将该轮廓在原图中的位置显示出来，即得到图 6-9（f）。

将图 6-9（f）中白色框内部分按照正方形裁下，即获得能够进行处理和测试的目标图 [图 6-10（a）]。但因图 6-10（a）分辨率过大，故选择其中局部区域（即黑色框部分）用于图像预处理效果的展示 [图 6-10（b）]。

(a) 完整区域　　　　　　　　　　(b) 局部区域

图 6-10　黄麻水刺布区域选择

6.2.1.2　中值滤波处理

采用中值滤波处理把数字图像中每一点的灰度值用该点的八邻域中各点灰度值的中值代替，使周围的像素值接近真实值，从而消除孤立的噪声点。取点 (i, j) 的周围八邻域范围，计算该点在此函数模板下中值的具体步骤为：①读取该点及周围八邻域共 9 个点的灰度值；②按照灰度值大小进行排序；③将排序后灰度集的中值，即序列为 5 的灰度值作为点 (i, j) 的新灰度值。再将此模板遍历整个图像上的每个像素点，即可实现图像的中值滤波（图 6-11）。

图 6-11　局部区域中值滤波效果

6.2.1.3　图像的二值化

本文采用 OTSU 算法来实现图像的二值化，步骤如下。

147

（1）设图像包含 L 个灰度级（0, 1, $\cdots$, $L-1$），灰度级为 i 的像素点数为 N_i，则图像总的像素点数为 $\sum\limits_{i=0}^{L-1} N_i$。

（2）阈值 T 将整幅图像分为暗区 c_1（$0 \sim T-1$）和亮区 c_2（$T \sim L-1$）两类，则类间方差 $\sigma = a_1 a_2 (\mu_1 - \mu_2)^2$。其中，$a_1 = \dfrac{\sum\limits_{0 \sim T-1}^{i} N_i}{N}$，$a_2 = \dfrac{\sum\limits_{T \sim L-1}^{i} N_i}{N}$，$\mu_1 =$

$\dfrac{\sum\limits_{0 \sim T-1}^{i} (N_i \times i)}{\sum\limits_{0 \sim T-1}^{i} N_i}$，$\mu_2 = \dfrac{\sum\limits_{T \sim L-1}^{i} (N_i \times i)}{\sum\limits_{T \sim L-1}^{i} N_i}$。

图 6-12　局部区域 OTSU
　　　　二值化效果

（3）T 在 $0 \sim 255$ 取值，计算 σ，σ 为最大时的 T 值即为确定的阈值。

（4）根据确定的阈值 T，假设 $g(i, j)$ 为点 (i, j) 的灰度值，则整个图像上所有像素点的灰度值为 $g(i, j) = \begin{cases} 0 & (0 \sim T-1) \\ 255 & (T \sim L-1) \end{cases}$。至此，整个 OTSU 算法完成。依据确定的阈值便可实现图像的二值化（图 6-12）。

6.2.2　均匀性的测定

非织造布均匀性的综合指标通常用质量不匀率（CV 值）来表示。在行业标准中，CV 值小于 7% 则认定非织造布均匀性良好。但质量不匀率只能粗略地反映非织造布均匀性的整体情况。而根据扫描仪获得的图像进行数字图像处理，计算非织造布中纤维的覆盖面积，可直观地反映非织造布的均匀性特征。本节将图像处理法获得的图像信息与取样称重法所得的质量信息进行比较，以确定图像处理法的可行性。

6.2.2.1　取样称重法

非织造布均匀性测试常用的有取样称重法与厚度测定法两种。但厚度测定法的精度较低，行业内使用较少，故本文采用取样称重法来验证图像分析法的结果。选择 20cm×20cm 规格的 5 种非织造布，分别为黄麻水刺布（1#）、PP 熔喷布（2#）、PP 水刺布（3#）、PET 熔喷布（4#）、PP 纺粘布（5#），每种非织造布裁成 4cm×4cm，共计 25 小块，分别进行称重。具体步骤为依照 GB/T 6529—2008《纺织品调湿和试验用标准大气》中的规范，预先对样品进行调湿处理；然后在标准大气压下，利用电子天平分别称取每小块样品的质量；最后记录每小块样品的质量，用于与图像处理法结果进行比较。

6.2.2.2　图像处理法

为证明图像处理法具有较强的适用性，对预处理后的二值图像采取与取样称重法相同的分块方式，将其等分成 25 块区域（图 6-13），分别计算纤维的覆盖面积。直接采用像素点的个数来表示非织造材料中纤维的覆盖面积。平板扫描仪采集的 5 种样品的图像和预处理后的二值图像如图 6-14 所示。

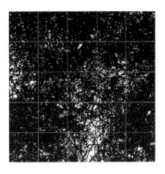

图 6-13　分组示意

（以 1#试样为例）

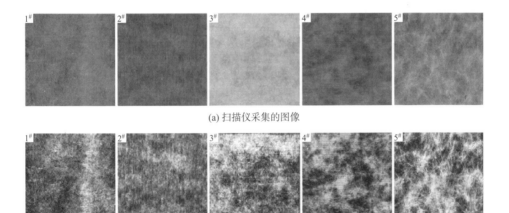

(a) 扫描仪采集的图像

(b) 预处理后的二值图像

图 6-14　扫描仪采集的图像与预处理后的二值图像的对比

通过分析预处理后的二值图像，可以量化出非织造布的结构信息，准确高效地评定非织造布的均匀性。假定预处理后的二值图像的长为 M，宽为 N，则每小块的面积为 $S_0 = \dfrac{M \times N}{25}$。设每小块中纤维覆盖面积为 S_{fi}（$i = 1 \sim 25$），则每小块中纤维覆盖面积所占的比率为 $P_i = \dfrac{S_{fi}}{S_0}$，$P_i$ 反映该小块中的纤维覆盖率，用于计算该非织造布的均匀性。

6.2.2.3 测试结果

将图像处理法与取样称重法所获得的结果，根据分块方式一一对应，并绘制出折线图，如图 6-15 所示。

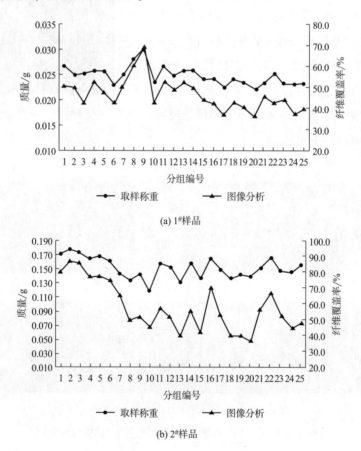

(a) 1#样品

(b) 2#样品

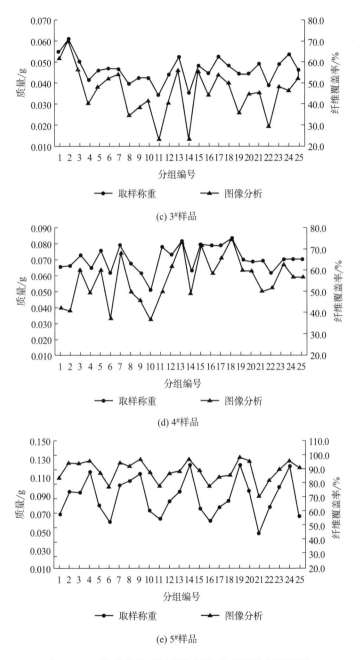

图 6-15 取样称重法结果与图像处理法结果折线图

由图 6-15 可知，取样称重法与图像处理法的结果在折线的趋势上呈现高度的一致性。再分别计算取样称重法和图像处理法各自测得的 25 个数据的 *CV*

值，即为非织造布的不匀率：

$$CV = \frac{\sigma}{E} \qquad (6-5)$$

其中：$E = \frac{1}{25}\sum_{i=1}^{25} x_i$；$\sigma = \sqrt{\frac{1}{25}\sum_{i=1}^{25}(x_i - E)^2}$；$x_i$ 为测得的第 i 个数据。根据上式计算取样称重法与图像分析法所得非织造布的 CV 值，归纳于表6-3中，发现两组数据之间差异较大。

表6-3　取样称重法与图像处理法测试结果比较

样品编号	CV 值/%	
	取样称重法	图像处理法
1#	24.47	33.62
2#	7.21	15.82
3#	9.51	26.22
4#	12.97	24.46
5#	10.82	18.80

6.2.2.4　图像预处理的改进

由表6-3可以看出，图像处理法所得 CV 值远大于取样称重法所得 CV 值，主要原因在于二值化中阈值的选取。以黄麻水刺布（1#）为例，选取不同的阈值对图像进行二值化，然后将图像处理法结果与取样称重法结果一起绘制于图6-16中，发现阈值的改变不会影响折线的趋势，但对折线波动的幅度影响较明显，同时，随着阈值的增大，变异系数单调递增。故需对OTSU阈值进行修正。

图像处理法中，非织造布 CV 值与二值化阈值的具体关系可通过拟合直线（图6-17）得出，并利用拟合直线得出最佳阈值，使图像处理法所得 CV 值和取样称重法所得 CV 值最接近。

建立OTSU阈值与最佳阈值之间的联系，计算所得的各样品的最佳阈值见表6-4。

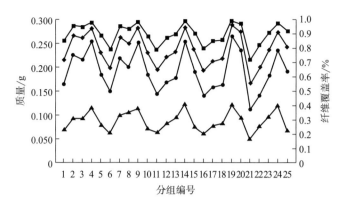

图 6-16　不同阈值下图像处理法结果

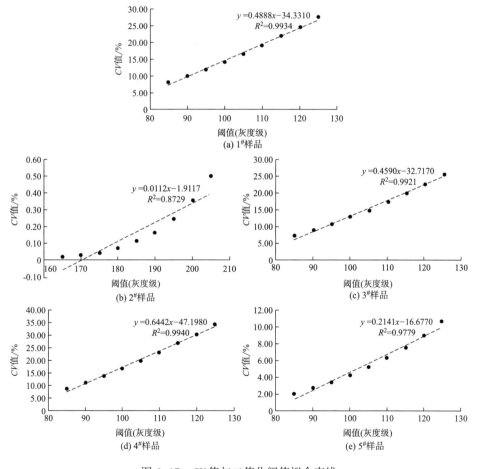

图 6-17　CV 值与二值化阈值拟合直线

表 6-4　最佳阈值表

样品编号	1#	2#	3#	4#	5#
最佳阈值	118	85	183	94	125

将 OTSU 算法获得的阈值与计算得到的最佳阈值进行直线拟合，如图 6-18 所示，发现两组阈值的拟合程度较高，故可确定出校准计算式：

$$T = 1.049T_0 - 22.316 \tag{6-6}$$

其中：T_0 为 OTSU 阈值；T 为最佳阈值，即校准阈值。

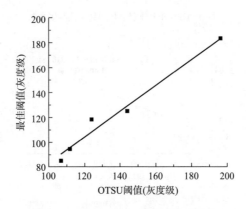

图 6-18　OTSU 阈值与校准阈值拟合直线

利用上式得出的校准阈值对图像进行预处理，通过计算每小块样品内的纤维覆盖率，计算出 25 个数据的变异系数，即得该非织造布的 CV 值，并与取样称重法结果进行比较，见表 6-5。可见，校准阈值结果 CV 值与取样称重结果 CV 值只存在微小的偏差。

表 6-5　校准结果

样品编号	1#	2#	3#	4#	5#
OTSU 阈值	124	107	196	112	144
校准阈值	108	90	183	95	129
OTSU 阈值结果 CV 值/%	33.62	15.82	26.22	24.46	18.80
校准阈值结果 CV 值/%	18.45	8.81	9.14	13.67	12.21
取样称重结果 CV 值/%	24.47	7.21	9.51	12.97	10.82

　　为验证校准计算式的有效性及稳定性，另取 5 块非织造布样品，分别为 PP 熔喷布（6#）、PET 熔喷布（7#）、PP 水刺布（8#）、PP 针刺布（9#）、粘胶水刺布（10#），按同样的方法制样后通过平板扫描仪采集图像，并按照上述步骤获得校准阈值。利用阈值进行预处理的二值图像，经分块、称重、计算得到 CV 值（图 6-19、表 6-6）。

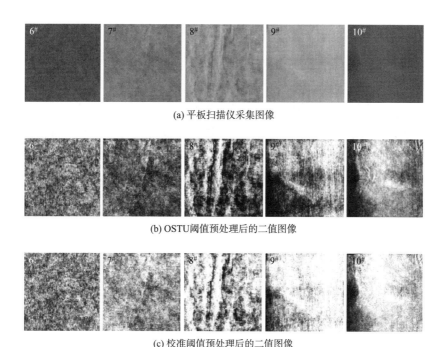

(a) 平板扫描仪采集图像

(b) OSTU 阈值预处理后的二值图像

(c) 校准阈值预处理后的二值图像

图 6-19　校准计算式的验证

表 6-6　校准计算式验证结果

样品编号	CV 值/%		
	取样称重结果	OTSU 阈值结果	校准阈值结果
6#	3.25	8.27	3.23
7#	3.83	11.44	5.15
8#	6.17	16.52	6.42
9#	13.73	43.61	14.07
10#	14.26	30.00	18.55

由表 6-6 可知，就薄型材料而言，校准阈值结果的 CV 值与取样称重结果的 CV 值十分接近，只存在微小的偏差。这主要是由于校准阈值的方法将图像上的覆盖面积与薄型材料的质量建立了联系，质量与面积的比值与薄型材料的密度呈正比，而薄型材料的密度又受自身的密度、孔隙率及厚度等多方面影响。因此，通过校准不能使图像处理法的结果与取样称重法的结果完全吻合，但这一结果已充分证明图像处理法可用于非织造布均匀性测试。此外，取样称重法中，人工取样称重及计算会耗费大量的时间，效率极低；而图像处理法中，扫描整块样品后即可通过程序运行得出结果，其中程序运行用时平均不超过 0.5s，整个扫描过程也不超过 5s。图像处理法的效率较取样称重法提高 50 倍以上，能准确高效地获取薄型非织造布的均匀性。

综上所述，利用图像处理法对薄型非织造布的均匀性进行测量，在与传统取样称重法的结果比对后发现，图像处理法与取样称重法的数据结果具有高度的趋势一致性。再通过校准图像预处理中二值化的阈值后发现，其结果与取样称重法结果十分接近，且图像处理法更高效且精确。

6.3 基于图像处理技术的非织造产品疵点检测

非织造布原料由于良好的流体特性，所以经常采用熔喷工艺对其加工，加工过程中由两大热空气流产生迅速冲击，使溶液聚合体形成细小纤维。但是目前使用这种方法的往往是一些高黏度的溶液，这样即使用再大的热空气流去冲击也可能不会形成细小纤维，甚至会形成大量涂层疵点。同样，在使用纺粘法非织造技术时，也是通过将聚合体高温加热，通过某固定的纤维单丝孔流出，遇冷空气迅速凝结拉伸，形成细小纤维，这种方法产出的非织造布表面往往不太均匀，存在层压疵点。像以上所述的疵点还有很多，随着面层非织造布在重量上的加大，每一克非织造布都有可能产生纤维结，所能承受的正常并行网状排列结构的能力也会下降，再加上非织造布材料的生产环境中可能存在杂质，这些内部和外部的疵点都会给非织造布疵点的检测带来挑战。非织造布疵点的测定一般有两种方法，即激光扫描法和光扫描法。

这两种疵点的检测方式也均有所不足，对于激光扫描法而言，它无法识别多色非织造织物疵点，而且激光装备的成本比较高，扫描宽度却有限；而光扫描法虽然仪器简单，使用寿命长且系统信息处理率高，但是它对光源却有着很高的要求，且扫描宽度也有限。测量非织造布外观质量的方法多种多样，但都存在着一定的不足，如疵点的检测仪器复杂、成本高，这就促使在一个新的领域中探寻一种新的方法来解决这个问题。以下方法就是本文涉及的两种图像处理在线检测疵点的方法。

（1）通过扫描方式或者摄像头采集方式，采集到待测的疵点图，这样就有了包含大量颜色信息的图像，为了减少数据的处理量，提高检测效率，再通过设置适当的阈值，对图像进行二值化。分析以上处理后的灰度直方图之后，根据数据的检测结果，将瑕疵点分类计算，实现瑕疵点结果的判定。

（2）通过不同的配光方式或者不同的照明方式，使得疵点信号特征值不同，利用这一特点来进行疵点的自动检测。首先对疵点的光学特性进行分析，已知反射率或者透射率的高低可以表明待测物体的明暗属性，那么通过选取不同的反射光或者投射光，对样本进行不同的照射也会检测出不同类别的疵点。其中涉及的图像处理一般包括去噪、消除光照不匀、特征值的提取等方面的操作。检测完以后，可以把提取到的特征值进行统计，为后续的检测提供方便。检测结果通过计算机输出，根据这个结果可以对非织造布进行质量评定。

6.3.1　图像的预处理

6.3.1.1　灰度化处理

对非织造布图像进行数据采集时，外部复杂的条件会造成一些不良的影响，而要求同一种疵点类型的非织造布样本必须在相同的外部情况下，生产加工为成品。要达到此目的，通过图像灰度均值规范化的方法，处理非织造布样品图像，使其灰度值均一，增强稳定性，处理后图像如图 6-20 所示。

6.3.1.2　光照不匀处理

针对外部光照变化造成采样结果不均的情况，通过数据校正处理，能够

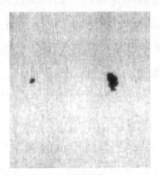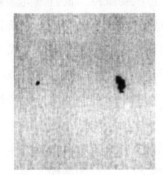

(a) 原始图像　　　　　　　　　(b) 处理后图像

图 6-20　均值规范化处理对比图

很好地避免这个问题。对比以下几种方案，在本设计中采取最优的进行数据处理。

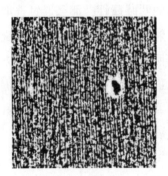

图 6-21　小窗法

（1）小窗法。此方法主要应用于局部光照强度大，被照射面反射度高，造成图像反白的情况。首先计算出反白部分灰度最大值，推导出背景矩阵的范围，最后处理得到校正数据。处理后的结果如图 6-21 所示。小窗法的具体步骤如下。

① 估计图像背景灰度。把 ［32 32］作为窗口坐标的范围，采集灰度值，取每块最大的值组成背景灰度矩阵。

② 处理第①步的背景灰度矩阵，运用双三次插值法，把矩阵放大至与原始图像等同。

③ 把原始图像的数据与之求差，得到校正的差值数据。

（2）分块均衡化处理法。从图像中任意取出多个小块样本，各自均衡化处理，此方法主要是对各个块处理，不是处理整个图像。这种处理方法的优点是，各相邻的样本之间的灰度差值明显减少，处理后结果如图 6-22 所示。

（3）同态滤波法。图像 $f(x, y)$ 可以表达为照度和反射这两个部分的乘积：

$$f(x,\ y) = i(x,\ y)r(x,\ y)$$

设定光照度均一，照度 $i(x,\ y)$ 则为常数，$f(x,\ y)$ 与 $r(x,\ y)$ 成正比。但在日常情况下，光照不可能达到理想的均一，照度很显然不是常数，不同坐标点的照度值不一样，正常情况下是随着光照中心向空间域慢变化，在频谱上它的能量均集中在低频。所需要的图像信息在反射 $r(x,\ y)$ 之中，其数值在空间中变化比照度快得多，不同物体相邻处尤为明显，其能量主要集中在高频。按照同态滤波减低频增高频的原理处理图像，可以减弱不均一的外部光照条件，同时突出图像细节，处理后图像如图 6-23 所示。

图 6-22　分块均衡化处理法

图 6-23　同态滤波法

从图 6-21~图 6-23 可知，通过小窗法与分块均衡化处理法得到的图像与原图偏差较大，会造成失真。对比之下，同态滤波法能显著消除光照不均，故本节采用同态滤波法。

6.3.1.3　图像灰度区间调整

采集的织物图像用同态滤波法进行光照不匀处理，那么图像的灰度矩阵数值排列会随着消除光照不匀处理一起发生变化。这对分析数据、区分不同图像的特性产生一定的影响，本节采用灰度变换方法来降低影响，调整图像的灰度区间为 $[0,\ 255]$。经灰度线性处理的结果如图 6-24 所示。

6.3.1.4　噪声消除

在图像采集过程中必然会产生噪声，为了减小后期处理的工作难度，得到较好的处理结果，必须对噪声进行消除。本文采取形态学方法处理产生的噪声。以圆形为例，经过腐蚀运算后，会使图像边缘收缩两个像素点，但对细微的疵点是非常有效的，只是经过腐蚀后，会使图像的整体亮度变低。不过这种情况下，只要通过膨胀处理就可以解决，同时图像放大，使得细节更加清晰，且先前的杂点也消失不见。对图 6-24 进行噪声消除处理的效果如图 6-25 所示。

图 6-24　灰度区间调整后的图像

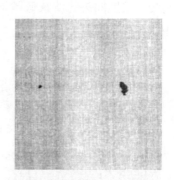

图 6-25　去噪后效果图

6.3.2　图像的阈值分割

对于疵点而言，由于它和正常非织造布面有着明显的分界，这一个分界恰好可以用阈值来分开，对于破洞类而言，疵点处灰度较其他区域大，而杂质或者油污则恰好相反。对此需要分别给它们一个阈值，来实现对各种疵点的检测，所以阈值的选择是疵点分割的关键。

6.3.2.1　一维最大熵法

熵是平均信息量的表征。把信息熵的概念应用于图像阈值分割的基本思想是：利用图像的灰度分布密度函数定义图像的信息熵，根据假设的不同或视角的不同提出不同的熵准则，最后通过优化该准则得到阈值。一维最大熵法处理结果如图 6-26 所示。

6.3.2.2　形态学处理

从一维最大熵处理结果中可以看到，二值化图像中有一些非疵点的白色区域，这些白色区域可能是图像采集过程中产生的噪声造成的，也可能是处理过程中某些方法缺点造成的，所以要对二值化图像在疵点检测前进行进一步处理，尽量消除非疵点白色区域，而保持疵点形态不变。本文采用形态学图像处理的方法，来对二值化图像进行处理，形态学的应用可以简

图 6-26　一维最大熵法
处理结果

化图像数据，保持它们基本的形状特性，并除去不相干的结构。为了使处理后的效果达到最佳，选用的窗口不宜过大，故而采用 3×3 的窗口进行形态学处理。处理后的效果图如图 6-27 所示。

(a) 二值图像　　　　　　　　　　(b) 形态学处理后图像

图 6-27　处理效果图

对非织造布图像进行阈值分割后，得到一组杂质、破洞、油污的二值图像，如图 6-28 所示。

由图 6-28 可以看出，经过处理后的图片还是存在着一些噪声亮点，需要对其进行处理，否则会对疵点的检测造成一定的影响，使得检测结果不准确。故此需要选择一个恰当的阈值对其他的噪点进行处理。这里选择面积作为特征值对其进行处理，将阈值内的元素保留，阈值外的变为背景色。利用 MAT-LAB 对疵点面积进行计算，通过一定数量的疵点统计出阈值范围，然后对待

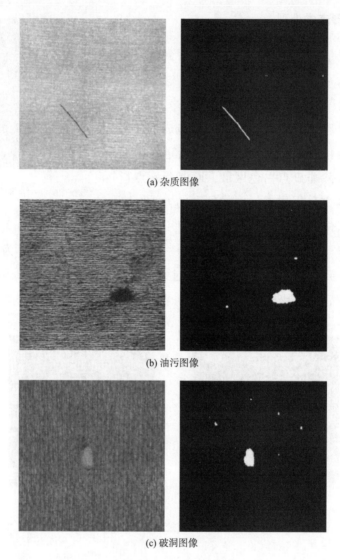

(a) 杂质图像

(b) 油污图像

(c) 破洞图像

图 6-28　阈值分割结果

测对象进行检测，结果如图 6-29 所示。

　　结合之前所提到的方法，对采样收集得到的杂质、油渍、破洞图各 10 张进行处理和检测。根据检测结果发现，采用基于阈值分割技术的检测方法可有效用于非织造布的检测，尤其是布料中存在区域缺损、油渍等瑕疵时检测的效果十分明显。但并非所有类型的疵点都能被发现并检测出，如杂质疵点

(a) 杂质	(b) 油污	(c) 破洞

图 6-29　阈值法处理后图像

中杂质点很小，会出现无法检测成功的情况，或者隐形疵点同样无法检测出来。所谓的隐形疵点是指：非织造布内部由于材料杂质掺杂而存在的疵点，其外观无法看出杂质点。

6.3.3　结果与分析

在本节中，对含有杂质、油污及破洞疵点的非织造布进行检测，已证实基于图像处理方法的非织造布疵点检测是可行的。根据上述方法，对采集到的含有上述三种杂质的非织造布样本图像进行检测，检测结果如图 6-30 所示。

根据图 6-30 可以看出，基于图像处理的方法对非织造布的疵点进行检测是可行的，然而通过对多组不同类型的非织造布疵点图像进行检测，不难发现这种测量方法对于杂质和破洞类疵点的检出率非常高，而且错误率非常低，但是对于油污类疵点，会存在判断错误的情况以及无法检测的情况。根据对非织造布疵点检测的情况进行统计，检测效果为：杂质和破洞检出率为 100%，油污检出率为 93.3%。

综上所述，基于图像阈值分割的疵点检测方法对各类织物以及不同疵点都表现出较好的检测能力以及普适性，后期可以实现自动化检测。

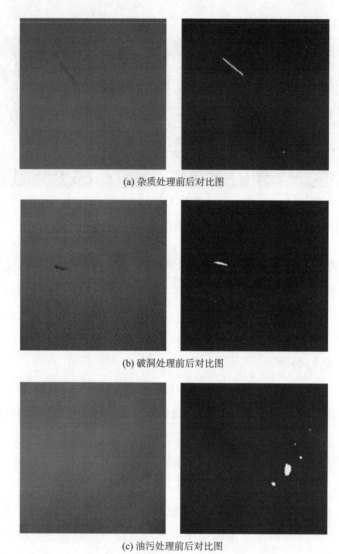

(a) 杂质处理前后对比图

(b) 破洞处理前后对比图

(c) 油污处理前后对比图

图 6-30　基于图像阈值分割方法疵点检测效果

参考文献

［1］柯勤飞，靳向煜．非织造学［M］．上海：东华大学出版社，2004：14-17.

［2］许正军，陈瑞琪．图像分析法在非织造布纤维取向评定中的应用动态［J］．非织造

布，1998，6（2）：38-41.

[3] 曾跃民，刘丽芳．基于计算机图像处理的非织造布质量检测与控制技术［J］．非织造布，2001，9（3）：37-40.

[4] 周胜，储才元，严灝景．激光散射法测定非织造布纤维取向分布和面密度的研究［J］．产业用纺织品，2002，20（3）：15-21.

[5] 朱志刚，林学阁，石定机，等．数字图像处理［M］．北京：电子工业出版社，1999：236.

[6] 柯勤飞，靳向煜．非织造学［M］．上海：东华大学出版社，2004：4445.

[7] 汪小颖．非织造干法工艺中均匀度自动控制系统的应用研究［D］．上海：东华大学，2009.

[8] JEONG S H, KIM S H, HONG C J. The evaluation of evenness of nonwovens using image analysis method［J］. Fibers and Polymers, 2001, 2（3）：164-170.

[9] YAN Z, BRESEE R R. Characterizing nonwoven-web structure by using image-analysis techniques：Part Ⅴ：Analysis of shot in meltblown webs［J］. Journal of the Textile Institute, 1998, 89（2）：320-336.

[10] 张恒，雷志辉，丁晓华．一种改进的中值滤波算法［J］．中国图像图形学报，2004，9（4）：408-411.

[11] 毛星云，冷雪飞，王碧辉．OpenCV3 编程入门［M］．北京：电子工业出版社，2015：175176.

[12] 高浩军，杜宇人．中值滤波在图像处理中的应用［J］．电子工程师，2004，30（8）：35-36.

[13] 王强，马利庄．图像二值化时图像特征的保留［J］．计算机辅助设计与图形学学报，2000，12（10）：746-750.

[14] 金晖，刘峰．聚丙烯纺粘法非织造布均匀性问题的解决措施探讨［J］．产业用纺织品，2013，31（3）：37-39.

[15] 王晓红．非织造布结构特性的测试方法及其发展方向［J］．西北纺织工学院学报，2000，14（1）：85-89，110.

[16] 王智．非织造布疵点在线检测装置［J］．非织造布，1998，6（4）：11-12.

[17] 李美玲．基于计算机视觉的棉网质量检测系统的研究［D］．上海：东华大学，2010.

[18] 张炎．钢中析出粒子测量及形态分类系统的设计研究［D］．镇江：江苏大学，2008.

[19] 杨旭红，李栋高．非织造材料孔隙结构的定量表述［J］．产业用纺织品，2005，23（1）：10-15．

[20] 张强，王正林．精通 MATLAB 图像处理［M］．北京：电子工业出版社，2009：51，53．

[21] 孙兆林．MATLAB 6. x 图像处理［M］．北京：清华大学出版社，2002．

[22] 陈琳．非织造布疵点检测研究［D］．上海：东华大学，2012．

[23] 苏鹤群，吴丽莉，陈廷．图像处理技术在非织造领域的应用进展［J］．纺织导报，2013（12）：65-68．

[24] 杨旭红．非织造材料（纤维网）形态结构的表征与分形模拟［D］．苏州：苏州大学，2003．

第7章

图像处理技术在服装
检测中的应用

7.1 基于图像处理技术的牛仔服装色差检测

　　色差是纺织品微观质量测评的重要检测项目之一，测定的结果准确与否，会对产品质量的判定产生影响。其中牛仔服装行业不同于传统的服装行业，常见牛仔服装的颜色以黑色或者靛蓝为主，水洗后在色彩的改变上比传统服装明显，而目前大部分检测机构和企业仍参照 ISO 或 AATCC 变色灰卡来进行色牢度评定。这种评定方式属于主观目测上的评定，其评定结果的准确性和有效性在很大程度上都取决于评级人自身，并且会随着评级人自身心理和生理上等多种因素的改变而改变，特别在牛仔服装行业，对色差辨别的影响更为明显。

　　仪器法在色差检测中的应用已有数十年，主要分为光电积分法和光谱光度测色两种。这两种仪器法在检测织物颜色和计算织物色差上比主观目测法要准确，但是至今仍然没有得到广泛应用，主要原因在于光谱光度测色仪虽然可精确测量颜色，但是仪器价格昂贵，仪器结构相对复杂，测色时操作较困难；光电积分法测色速度快，但是由于测量原理上存在数据偏差，测量精度和准确度只具有参考性，不能作为最终的判定依据。计算机视觉的色差检测方法及系统在近年取得进展，但是由于牛仔服装色彩的特殊性，在评定色差结果时比较模糊，没有具体的指标依据。因此，探索新的色差评价方式且受外界等因素影响较小的牛仔服装色差评级系统成为一种新的研究趋势。

在手机摄像普及的当下，基于更易获取的照片图像提取牛仔服装的色差数据无疑是更为便捷且更具价值的方法。

7.1.1 色差检测系统的基本框架与原理

牛仔服装色牢度色差检测系统由硬件与软件两部分组成，两者相辅相成，通过高质量的图像信息能解算出更为精准的色差参考值。获取高质量的图像信息硬件部分需具备三个条件：一是高清的摄像设备使图像信息更为丰富；二是均匀且显色指数高的环境光照使样品图像的色彩与自然光接近；三是稳定的框架系统能够精准控制对照样本间的变量。获取图片后软件系统包括四个部分，分别为图像预处理模块、颜色空间转换模块、色差值计算模块和最终评级模块。系统的基本框架如图 7-1 所示。

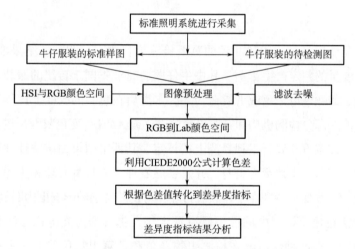

图 7-1　牛仔服装色差检测系统工作图

7.1.2 图像的采集

图像采集是图像处理和进行评级的基础与前提，图像质量优劣会直接影响系统评级的准确性。对于图像处理来说，分辨率越高，采集的图像数据量则越大，会直接导致图像处理速度降低，但是若分辨率太低又不能真实地反映出采集图像的颜色特征。因此，针对系统需求及各个方面综合考虑，选用UI-5240CP-M-GL高性能工业相机，其具有分辨率较高、还原性真实、图像噪声小等优点。光学镜头是计算机视觉系统中影响成像质量高低的重要部分，影响图像处理算法的实现与最终效果。根据实际采集视场范围、分辨率和通光量等因素，最终选择了视场范围为54.27~67.84mm，系统精度为0.05mm的50mm工业镜头。

标准光源的采用在图像采集和颜色测量中起着至关重要的作用，本节系统中采用的光源模拟CIE标准照明体D65。将D65特殊灯管和电源控制器组合在一起，光源体由两组灯管构成，可根据光照需求来选择其中一组或者两组灯管来提供光源，安装在一个光源箱内，做成标准光源箱。代替人眼检测的图像采集设备垂直放置于待检测的牛仔服装上方，即采用45/0观测方式作为照明观测条件。

7.1.3 图像的预处理

7.1.3.1 RGB颜色空间转化HSI颜色空间

由于去噪处理时图像颜色空间转化的需要，并根据HSI颜色空间具有灰度信号与色度信号相互分开的特性，所以先将RGB颜色空间转化为HSI空间，然后使用灰度图去噪的算法处理其中I分量，最后将去噪后的灰度图还原为彩色图，达到不改变图像中所包含色彩信息的目的。HSI颜色空间可由RGB空间转换而得，其转换式如下：

$$I = \frac{R + G + B}{3}, S = 1 - \frac{\min(R, G, B)}{I} \tag{7-1}$$

$$H = \begin{cases} \arccos\left(\dfrac{0.5[(R-G)+(R-B)]}{\sqrt{(R-B)^2-(R-B)(G-B)}}\right) & B \geqslant G \\ 2\pi - \arccos\left(\dfrac{0.5[(R-G)+(R-B)]}{\sqrt{(R-B)^2-(R-B)(G-B)}}\right) & \text{其他} \end{cases} \tag{7-2}$$

其中：I表示亮度值，通常以0（黑色）~100%（白色）的百分比来衡量；S表示饱和度，以0（灰色）~100%（完全饱和）来衡量；H表示色调，取

0°~360°的数值来衡量；R、G、B 分别表示三原色在颜色空间中的数值。

　　获取牛仔服装试样真彩图的 R、G、B 数值，将 RGB 图像转化为 double（双精度）类型，然后按照式（7-1）和式（7-2）转化为 HSI 颜色空间，从而获取所需亮度的图像，其转化图像如图 7-2 所示。

(a) RGB图像　　　　　　　　　　　　　　(b) 亮度图像

图 7-2　牛仔样布的 RGB 图像和亮度图像

7.1.3.2　图像去噪选择

　　在得到亮度图像后，为便于比较并选择合适的滤波方法，使用 MATLAB 中的 imnoise 函数将均值为 0 且均方差为 0.01 的高斯白噪声添加到亮度图像中，然后分别使用均值滤波（3 像素×3 像素滤波器）和中值滤波（3 像素×3 像素窗口）两种方法进行滤波处理。

　　牛仔服装试样的滤波处理后图像如图 7-3 所示。

(a) 3像素×3像素中值滤波　　　　　　　　(b) 3像素×3像素均值滤波

图 7-3　牛仔服装试样滤波对比

通过图像比对分析可以发现，中值滤波在对牛仔服装亮度图像处理方面与均值滤波相比有如下优点：一是可克制线性滤波导致的图像细节处模糊，使图像轮廓信息得以保留；二是噪声消除的效果更为明显；三是亮度图像中孤立噪声点和线段抑制效果更好。因此本书选用中值滤波进行去噪处理。

7.1.3.3　HSI 颜色空间转化 RGB 颜色空间

经去噪处理后的图像仍为灰度图像，为便于对后续图像处理进行，需要将灰度图像进行合成，转化为 RGB 图像，从而达到不改变图像色彩信息的目的。图像由 HSI 颜色空间到 RGB 颜色空间转换，设 H 在 $(0, 2\pi)$，S、I 的值在 $[0, 1]$ 之间，R、G、B 的值也在 $[0, 1]$ 之间，转化式如下：

当 $0 \leqslant H < 2\pi/3$ 时，

$$\begin{cases} B = I \times (1 - S) \\ R = I \times \left[1 + \dfrac{S \times \cos H}{\cos(\pi/3)} \right] \\ G = 3I - (B + R) \end{cases}$$

当 $2\pi/3 \leqslant H < 4\pi/3$ 时，

$$\begin{cases} R = I \times (1 - S) \\ G = I \times \left[1 + \dfrac{S \times \cos(H - 2\pi/3)}{\cos(\pi - H)} \right] \\ B = 3I - (R + G) \end{cases} \tag{7-3}$$

当 $4\pi/3 \leqslant H < 2\pi$ 时，

$$\begin{cases} G = I \times (1 - S) \\ B = I \times \left[1 + \dfrac{S \times \cos(H - 4\pi/3)}{\cos(5\pi/3 - H)} \right] \\ R = 3I - (G + B) \end{cases}$$

利用式（7-3）转化到 RGB 颜色空间，重新合成后的 RGB 图像如图 7-4 所示。通过对比可以看出，重新合成的 RGB 图像较原图像较好地滤除了噪声，且同时图像的模糊程度较小，较大程度地保留了原始图

图 7-4　重新合成的 RGB 图像

像的有效信息，确保了后续处理的准确性。

7.1.4 颜色空间转换的色差计算

先由 RGB 颜色空间转化为 XYZ 颜色空间，然后再由 XYZ 颜色空间转化为 Lab 颜色空间，最后再计算色差。从 RGB 模型转换为 XYZ 模型通过乘以 3 ×3 矩阵转换，且它们之间存在线性关系。由于相机采用标准不同，分为 PAL（帕尔制）制式和 NTSC（美国国家电视标准委员会）制式，且本节系统采用的是德国相机，属于 PAL 制式的数码相机，因此采用下式进行 RGB 颜色空间到 XYZ 颜色空间的转化。

$$\begin{pmatrix} X \\ Y \\ Z \end{pmatrix} = \begin{pmatrix} 0.412453 & 0.357580 & 0.180423 \\ 0.212671 & 0.715160 & 0.072169 \\ 0.019334 & 0.119193 & 0.950227 \end{pmatrix} \begin{pmatrix} R \\ G \\ B \end{pmatrix} \tag{7-4}$$

Lab 颜色空间可以由 EXYZ 色度系统通过数学的方法转换而得到，如下：

$$L = \begin{cases} 116 \times \left(\frac{Y}{Y_n} \right)^{\frac{1}{3}} - 16 & \frac{Y}{Y_n} > 0.008856 \\ 903.3 \times \frac{Y}{Y_n} & \frac{Y}{Y_n} \leqslant 0.008856 \end{cases} \tag{7-5}$$

$$a = 500 \times \left[f\left(\frac{X}{X_n} \right) - f\left(\frac{Y}{Y_n} \right) \right]$$

$$b = 200 \times \left[f\left(\frac{Y}{Y_n} \right) - f\left(\frac{Z}{Z_n} \right) \right] \tag{7-6}$$

其中，当 $Y/Y_n > 0.008856$ 时，$f(Y/Y_n) = (Y/Y_n)^{1/3}$，否则 $f(Y/Y_n) =$ 7.787+4/29。坐标 (X_n, Y_n, Z_n) 为 R、G、B 值都为 255 时对应的 X、Y、Z 值。

计算机视觉的色差检测是基于传统人眼目测开发的，因此计算机检测到的色差应与人眼所感受到的色差一致。在此基础上，计算机色彩研究者提出了很多色差计算式，目前计算机配色系统使用最多的是由国际照明委员会（CIE）制定的 CIELab 颜色空间，如下式所示。

$$\Delta E = \sqrt{(\Delta L)^2 + (\Delta a)^2 + (\Delta b)^2} \tag{7-7}$$

其中：ΔE 为色差值；$\Delta L > 0$，说明原样本比对照样本颜色深，明度要低，反之则高；$\Delta a > 0$，说明原样本比对照样本偏向绿色，反之偏红；$\Delta b > 0$，说明原样本比对照样本偏向蓝色，反之偏黄。但是此计算式在使用过程中，由于人眼敏感度与该计算式的定义存在某些差别，从而导致计算机进行色差评价时与人眼目测结果存在较大出入。

本节系统使用的色差计算式为 CIE 的一个最新的色差计算式，简称为 CIEDE2000，该色差计算式同样也是基于 CIELab 均匀颜色空间上计算的，是目前理论上最接近人眼视觉的计算式。

$$\Delta E = \sqrt{\left(\frac{\Delta L}{K_L S_L}\right)^2 + \left(\frac{\Delta C}{K_C S_C}\right)^2 + \left(\frac{\Delta H}{K_H S_H}\right)^2 + R_r \left(\frac{\Delta C}{K_c S_c}\right)\left(\frac{\Delta H}{K_H S_H}\right)} \quad (7-8)$$

其中：ΔE 为色差值；ΔL、ΔC 和 ΔH 分别表示明度差、彩度差和色相差；S_L、S_C 和 S_H 为权重函数，定义椭圆半轴的长度，可以在 CIELab 颜色空间中根据区域不同而进行调整，以校正该空间的均匀性；K_L、K_C 和 K_H 为与使用条件相关的参数因子，并且是与如颜色检测或照明条件等相关的校正系数。CIE 也给定在一定条件下的系数值，根据大量试验反复认证，最终选用纺织类常用取值，即 $K_L = 2$、$K_C = 1$、$K_H = 1$，可满足牛仔服装色差计算条件。

7.1.5　基于曲线拟合的色差评级模块

根据颜色空间转换的色差计算模块，目前已经可以得到检测后的色差值，但是在日常检测机构实际检测中，这些色差值仅仅为模糊的数值，并且不能够直接准确地得到变色试样和标准试样之间的差别。目前主流的 5 级 9 阶灰度色卡评级制度，对颜色变化较大的牛仔服装来说，效果不如传统服装显著。根据此种具有实际意义的需求，本书提出了差异度百分比的概念作为牛仔服装色差检测系统的检测评级指标。差异度在本书中具体指两块牛仔服装颜色的差异程度。采用 ΔE 指标来获得差异度这个评价指标，运用模糊综合评判的原理，确定差异度—色差值曲线。

7.1.5.1　差异度与色差值极值的确定

为获得更符合人眼的临界色差值，选取 50 组颜色相近的牛仔服装试样，分别让 20 名视觉正常的观察者进行辨别，并让每名观察者将 50 组牛仔服装试样分类为可辨别和不可辨别样本，通过式（7-8）（$K_L = 2$、$K_C = 1$、$K_H = 1$）计算每组色差值，最终取 20 名观察者分类的色差临界值平均数，确定最小辨别色差值 $\Delta E = 0.288$，定义此时差异度为 0。由于人眼所能辨别的区别最大的颜色为黑色和白色，因此在确定人眼所能辨别的色差最大值时，分别采集黑白两种样本的图像，且得到黑、白样卡的 L、a、b 值，并通过牛仔服装色差检测系统测得其之间的色差值，此时色差最大值 $\Delta E = 59.0112$，即定义此时差异度的值为 100%。

7.1.5.2 差异度与色差值特殊点的确定

将 50 组牛仔服装试样在无外界干扰和标准观测条件下让 5 名纺织品色差专家进行评级，并根据标准灰卡各等级样照的灰度值差异度，将专家评定等级为 5 级和 4-5 级的试样，差异度定义为 5%；评定等级为 4 级和 3-4 级的试样，差异度定义为 10%；评定等级为 3 级试样，差异度定义为 15%；3 级以下的试样，差异度定义为 40%。通过对每组试样色差值计算，并运用加权后取平均值的原理，最终可以得到各差异度的色差值，见表 7-1。

表 7-1　色差值与差异度结果

色差值	差异度/%
0.2858	0
0.7851	5
1.3687	10
1.9246	15
5.8237	40
59.0112	100

7.1.5.3 差异度与色差值曲线拟合

将表 7-1 中所得差异度与其对应的色差值进行曲线拟合，构建差异度-色差值关系方程。在曲线拟合中，分别选择二次、三次和有理函数曲线拟合差异度与色差值之间的函数关系，拟合结果如图 7-5 所示。参照表 7-1 中参数，由二次、三次和有理函数拟合曲线对应的差异度与色差值方程见表 7-2。其中，y 为差异度；x 为色差值；R^2 为相关系数，其系数值越接近 1，则表示方程的变量对 y 值解释能力越强，即曲线拟合的效果越好。由图 7-5 和表 7-2 可以看出，有理函数拟合结果最好，因此选择其对应的有理函数拟合式作为牛仔服装色差评级方程。

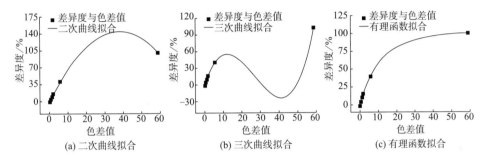

图 7-5　差异度-色差值关系拟合曲线

表 7-2　差异度-色差值拟合方程

曲线拟合	拟合方程	误差平方和	R^2
二次曲线拟合	$\begin{cases} y = 0, & x \le 0.2858 \\ y = (0.1017x^2 + 7.709x - 0.8893) \times 100\% & x > 0.2858 \end{cases}$	4.34700	0.9994
三次曲线拟合	$\begin{cases} y = 0, & x \le 0.2 \\ y = (0.00656x^3 - 0.5309x^2 - 10.23x - 2.841) \times 100\% & x > 0.2 \end{cases}$	0.5805	0.9998
有理函数拟合	$\begin{cases} y = 0, & x \le 0.2858 \\ y = \left(\dfrac{118.7x - 37.27}{x + 10.64} \right) \times 100\% & x > 0.2858 \end{cases}$	0.4095	0.9999

7.1.6　色差检测系统准确性测试

7.1.6.1　色差检测评级系统

牛仔服装色差检测评级系统的界面主要包括图像采集窗口和色差检测评级主窗口。色差检测主窗口主要包括交互式操作模块、图像处理显示模块、颜色空间转换和色差值显示模块、相似度显示和文字描述模块。图 7-6 所示为色差检测评级系统主窗口界面。其中图 7-6 上方两个图为原样和对比样原图，图 7-6 下方两个图为经过去噪处理后的图像。

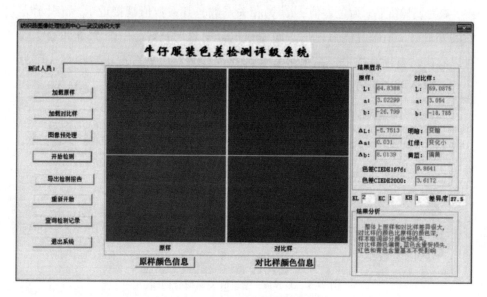

图 7-6　牛仔服装色差检测评级系统主窗口界面

7.1.6.2　系统准确性测试

在经过水洗后的牛仔服装中，随机选择 100 组样本进行评级，将评级结果与另外两位纺织品色差专家目测评级结果进行比对，结果证明色差系统评级结果准确性可靠，其中选取的 10 组牛仔服装试样检测结果见表 7-3。分析结果表明，色差检测评级系统得到的差异度结果基本上符合专家目测评定结果。经过对试样和检测结果分析，人眼测评试样为 4 级和 3-4 级时，因为试样之间色差微小，很容易产生判断差别，而使用色差检测评级系统进行色差检测，并转化到差异度百分比指标更加准确，减少了测试的误差。

表 7-3　牛仔服装色差评级结果和专家目测结果

牛仔布样本	色差值（CIEDE2000）	差异度/%	目测评级结果	
			专家 1	专家 2
第 1 组	0.3528	0.42	4-5 级	4-5 级
第 2 组	0.5888	2.91	4 级	4 级
第 3 组	0.7218	4.26	4 级	4 级

续表

牛仔布样本	色差值（CIEDE2000）	差异度/%	目测评级结果	
			专家1	专家2
第4组	0.8617	5.65	4级	3-4级
第5组	1.2858	9.67	3-4级	4级
第6组	1.7415	13.69	3-4级	3-4级
第7组	1.8896	14.93	3-4级	3-4级
第8组	2.1134	16.75	不合格	不合格
第9组	5.0773	35.96	不合格	不合格
第10组	7.6514	47.26	不合格	不合格

注　目标评级结果中3级以下为不合格。

可以看出基于计算机视觉的牛仔服装色差检测评级系统,使用计算机对牛仔服装的色差等级进行评定,不仅提高了牛仔服装色差等级评定的客观性、一致性,大量消除了各方面的客观因素,而且色差检测评级系统对色差值转换为色差等级的转换式进行了拟合,使用拟合后的色差值转换为色差等级计算得到织物的色差等级百分比,进一步提高了织物色差等级评定的准确性。

7.2 基于图像处理技术的人体服装尺寸预测

人体特征点的检测是人体尺寸测量中的最重要的部分，特征点定位的准确与否会对人体尺寸计算结果产生较大的影响。本节主要以头、颈、肩、胸、腰、臀六个部位为研究对象，获取各部位宽、厚尺寸为目的，基于人体正、侧面图像，对人体区域按部位进行划分，并根据部位特征的明显程度即检测的难易程度对人体特征点进行分类，分为简单的特征点检测与复杂的特征点检测两大类，针对不同特征点的难易程度提出不同的检测方法，流程图如图7-7所示。

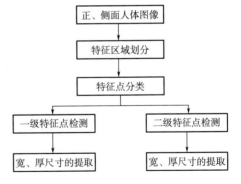

图7-7　人体特征点检测与尺寸获取流程图

7.2.1　人体特征区域划分

在检测特征点时，若通过遍历轮廓上所有的点来寻找每一部位的特征点，计算量将会变得十分庞大，且特征点筛选范围变大，不易于特征点的选取，因而在进行检测前需对人体轮廓以各部位进行逐一划分，使得每个部位特征点的检测只在其固定区域内进行，在减少计算成本的同时，达到剔除部分相似点提高检测准确度的目的。

本节对于特征区域的划分，使用迭代划分选择的方法。设置划分区域数 n 为初始值，对区域进行划分，划分区域为 T_i，当划分后仍有两个特征部位 k、p 在同一检测区域或同一部位落点 k，k_j 在不同区域时，划分数量增加表达式为：

$$\begin{cases} n+1 & k \in T_i, k_j \in T_{i\pm1} \\ n+1 & k, p \in T_i \\ n & 其他 \end{cases} \tag{7-9}$$

通过实验结果分析得出，所选分割区域数为 18 时，各部位特征点所落在的区域均不相同，此时的区域分割结果见表 7-4。

表 7-4　区域分割结果表

部位	区域
头部	1, 2
颈部	3
肩部	4
胸部	5, 6
腰部	7, 8
臀部	9, 10

7.2.2　人体特征点检测及尺寸提取

在人体特征点检测前，根据特征点的特征在图像中的明显程度，对特征点的检测难易程度进行分类。对于人体颈部、肩部、腰部特征不易于从图中直接获取的划分为复杂特征点。划分完成后，结合物理测量知识，对特征点由易到难进行逐一检测。

7.2.2.1　头部特征点识别及尺寸提取

头围的物理检测方法为用软卷尺测量前额经两耳上方所得的头部最大围度。对应到正面图像中的几何特征为头部检测区域中的图像最宽处，如图7-8所示。

图7-8　头部特征点检测

头部特征点的几何特征明显，因而易于检测。两侧特征点间的距离即为头部宽度，设头部检测区域最高处高度为y_1，最低处高度为y_2，高度为y时轮廓所占行面积为S_y，则有表达式为：

$$\begin{cases} W_{头宽} = \max_{y_2 \leq y \leq y_1}(S_y) \\ S_y = \mathrm{sum}[f(x,y)=1] \end{cases} \tag{7-10}$$

在获取到头部正面特征点后，通过与身高的比例关系映射到侧面图像中，从而确定侧面图像中的头部两侧特征点，并计算头部厚度，通过换算得到实际数据。由上述方法检测得到的特征点效果图如图7-9所示。

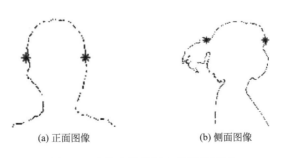

(a) 正面图像　　　　　　(b) 侧面图像

图7-9　人体头部特征点检测效果图

7.2.2.2 胸部特征点识别及尺寸提取

胸围的物理测量方法为测量人体胸部最突出的部分的外部周长，在检测胸部特征点时，正面图像中胸部特征点特征较为不明显，难以直接检测得出，而在侧面人体图像中，胸部特征点为胸部检测区域中前胸部分最突出的地方，如图 7-10 所示。

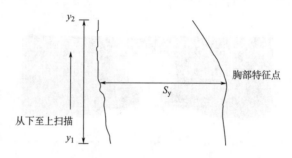

图 7-10　胸部特征点检测

因而在胸部特征点检测时，从侧面图像开始检测，检测思想与头部检测思想一致，以胸部检测区域中最低处 y_1 为初始扫描行，胸部检测区域中最高处 y_2 为终止扫描行，从下至上进行逐一扫描并求取每行人体二值图像所占面积，扫描结束后，最大行面积所在高度即为胸部特征点所在高度，该高度水平线与人体侧面轮廓的交点即为侧面图像中的人体胸部特征点，表达式为：

$$\begin{cases} W_{胸厚} = \max_{y_2 \leqslant y \leqslant y_1} (S_y) \\ S_y = \mathrm{sum}[f(x,y) = 1] \end{cases} \tag{7-11}$$

其中：S_y 为第 y 行扫描到的人体图像所占行面积。

根据高度比例将侧面图像上胸部特征点的高度对应到正面图像中，与人体轮廓的两交点即为正面图像中的胸部特征点，胸宽表达式为：

$$W_{胸宽} = |x_1 - x_2| \tag{7-12}$$

其中：x_1、x_2 分别为正面图像中轮廓上胸部特征点对应的横坐标。由上述方法检测得到的胸部特征点效果图如图 7-11 所示。

7.2.2.3　臀部特征点识别及尺寸提取

臀围的物理测量方法为围绕臀部最丰满处水平测量一周，在图像法测量中，臀部特征较为明显，易于测量，测量示意图如图 7-12 所示。

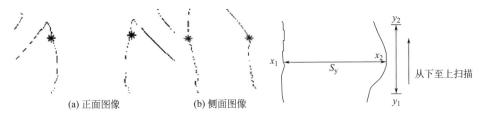

(a) 正面图像　　　　　　(b) 侧面图像　　　　　　　　　　从下至上扫描

图 7-11　人体胸部特征点检测效果图　　　　图 7-12　人体臀部特征点检测

侧面图像中臀部检测区域的最下行 y_1 为起始行，臀部检测区域最上行 y_2 为终止行，从下至上遍历两侧轮廓，求取同高度两侧轮廓坐标点的横坐标 x_1、x_2 的差值，选取最大差值的行所在的轮廓两侧的点为臀部特征点，臀厚表达式为：

$$W_{臀厚} = \max_{y_2 \leqslant y \leqslant y_1} (x_2 - x_1) \tag{7-13}$$

获取侧面图像中臀部特征点后，通过身高比例映射到正面图像中，并根据正面图像中的臀部特征点的横坐标差值求取臀宽。上述方法检测得到的臀部特征点效果图如图 7-13 所示。

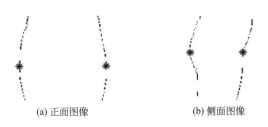

(a) 正面图像　　　　　　　　　　(b) 侧面图像

图 7-13　人体臀部特征点检测效果图

7.2.2.4　腰部特征点识别及尺寸提取

在实际的正面图像检测中，并不能以腰部为上身段最细处单一判断，需要对人体体型进行分类，即体型较胖者检测特征为腰部较宽的地方，体型较瘦或是正常者检测特征为腰部最细的地方，为了整合该部位检测特征，且避免算法复杂度过大的情况，本节以寻求极值的方法获取极值点近似替代腰部特征点，检测流程图如图7-14所示。

图7-14　腰部检测流程图

以腰部检测区域最低处为初始行，腰部检测区域最高处为终止行，选取某一侧轮廓段，通过均值滤波平滑曲线，并通过三次曲线拟合再次对曲线进行平滑操作，使得轮廓线段不在为像素点的坐标点集，利于计算，并将轮廓曲线点集行列对调进行曲线拟合，并求取一阶导数为0的点集坐标。第一个导数为0的点即为腰部特征点，另一侧腰部特征点则以该特征点水平移动与另一侧轮廓的交点近似替代，表达式为：

$$\begin{cases} f(x) = ax^3 + bx^2 + cx + d \\ x = \text{find}[f(x)' = 0] \\ x_{腰} = \boldsymbol{X}(1) \end{cases} \tag{7-14}$$

其中：$f(x)$ 为拟合得到的三次函数曲线；$\boldsymbol{X}$ 为 $f(x)$ 导数为0的点的集合。

7.2.2.5　肩部特征点识别及尺寸提取

肩宽的定义为两肩峰点之间的直线距离，而肩峰点在图像中的选取难度较大，不易检测，因而在图像法检测中，多近似为人体边缘轮廓上的点。在实际检测中，可能存在两像素点横向或竖向排列导致斜率无穷的情况，为了避免这种情况的发生，采取 Freeman8 链码的思想，如图7-15所示。

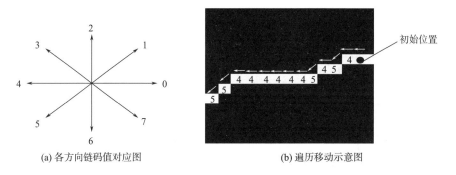

(a) 各方向链码值对应图　　　　　(b) 遍历移动示意图

图 7-15　八邻接链码示意图

上述方法检测得到的肩部特征点效果图如图 7-16 所示。

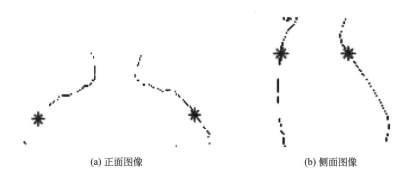

(a) 正面图像　　　　　　　　(b) 侧面图像

图 7-16　人体肩部特征点检测效果图

7.2.2.6　颈部特征点识别及尺寸提取

在传统的颈部特征点测量方法中，往往选取的是人体正面图像中颈部截面直径相距最近的两点，即颈部最细处作为正面图像中的颈部特征点，而忽略了实际测量规范，且颈部特征点位置较为单一，导致误差较大。针对这一问题，本节通过正面和侧面图像提取多特征点的方式来求取颈部尺寸，流程图如图 7-17 所示。

实际测量时，颈部存在三种特征点，即前颈点、侧颈点和后颈点。正面图像如图 7-18（a）所示，侧面图像如图 7-18（b）所示。

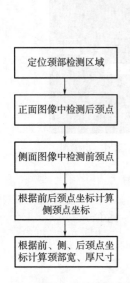

定位颈部检测区域

↓

正面图像中检测后颈点

↓

侧面图像中检测前颈点

↓

根据前后颈点坐标计算
侧颈点坐标

↓

根据前、侧、后颈点坐
标计算颈部宽、厚尺寸

图 7-17　颈部特征点检测流程图

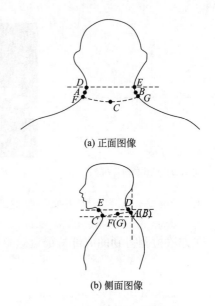

(a) 正面图像

(b) 侧面图像

图 7-18　颈部特征点检测

7.2.3　人体围度拟合

为了计算出人体各部位的具体围度尺寸，应在各部位宽厚尺寸的数据支持上，加入人体各部位截面的轮廓曲线作为人体截面曲线模型的数据支撑。本节通过对使用三维扫描仪获取到的人体截面图形加以简化，查阅相关文献加以修改，得到了各部位的截面轮廓。并对各部位截面轮廓模型进行分析，结合上文中通过特征点检测计算出的各部位宽度和厚度尺寸数据，计算得到最终的人体各部位围度数据。

7.2.3.1　人体头部围度计算

简化后的人体头部截面模型如图 7-19 所示。

由图 7-19 可看出，人体头部截面特征为

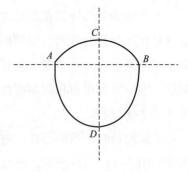

图 7-19　人体头部截面图像

后脑 *ACB* 段宽，前额 *ADB* 段相比后脑较窄，在实际手工测量头围时，往往是贴紧头部绕头围检测处一周计算周长，因而在图像法计算围度时，可将头部截面轮廓曲线周长近似为头围尺寸。头围表达式为：

$$C_{头} = 2 \cdot (AC_{弧} + AD_{弧}) \tag{7-15}$$

将所测得的头宽与头厚按比例对标准人体头部截面模型进行缩放后，对其进行曲线插值拟合，通过两点间线段的距离的计算之和来求取最终的头围数据，即：

$$C_{头} = 2 \cdot \Big(\sum_{i=1}^{n-1} \sqrt{(X_{Ac_i} - X_{Ac_i+1})^2 + (Y_{Ac_i} - Y_{Ac_i+1})^2} +$$

$$\sum_{i=1}^{n-1} \sqrt{(X_{Ac_i} - X_{Ac_i+1})^2 + [Y_{Ac_i} - Y_{Ac_i+1})^2} \Big] \tag{7-16}$$

其中：i 为分区间段后选择的段数；n 为所分的区间段的个数。

7.2.3.2　人体颈部围度计算

简化后的颈部截面图如图 7-20 所示。

图中 *ACB* 部分为前颈围，*ADB* 部分为后颈围，*C* 为前颈点，*D* 为后颈点，*A*、*B* 为侧颈点。在实际手工测量颈围时，往往是贴紧颈部绕一圈计算周长，因而在图像法计算围度时，可将颈部截面轮廓曲线周长近似为颈围尺寸。将人体看成近似对称结构，对称弧 *ACB* 与对称弧 *ADB* 通过二次函数拟合，则有：

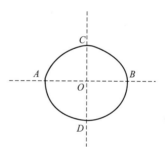

图 7-20　人体颈部截面图像

$$\begin{cases} C_{前颈} = 2 \cdot AC_{弧} = 2(ax_2 + bx + c) \\ C_{后颈} = 2 \cdot AD_{弧} = 2(a_1 x_2 + b_1 x + c_1) \end{cases} \tag{7-17}$$

将该截面图像拆分为前颈弧和后颈弧后，分别置于坐标轴原点，则有：

$$\begin{cases} C_{前颈} = 2 \cdot \int_a^b (ax_2 + bx + c) \\ C_{后颈} = 2 \cdot \int_a^b (a_1 x_2 + b_1 x + c_1) \end{cases} \tag{7-18}$$

其中：a、b 分别为颈部左端点 *A* 的横坐标与 *A*、*B* 两点中点的横坐标。

通过对弧长进行积分计算即可获取前颈围度与后颈围度。而弧 *AC* 的高度

与弧 *AD* 的高度则通过上文所测得的后颈点和侧颈点来确定，由上文所测得的颈部宽度与颈部厚度带入计算得到实际颈围数据。

7.2.3.3 人体肩部围度计算

对于肩部截面模型，本节所简化得到的图像与实际差异较大，通过查阅文献，本节借助的人体肩部标准截面模型如图 7-21 所示。

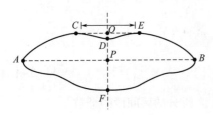

图 7-21 人体肩部截面图

图中 *AB* 段为人体正面，*F* 为人体正面最突出点，ADB 段为人体背面，*C*、*E* 为肩胛骨最突出的位置，*O* 为 *CE* 与 *DF* 的交点，*P* 为 *AB* 与 *DF* 的交点，实际测量肩围时测量卷尺处于绷直状态，而不是紧贴整个背部，即计算的距离为 *COE* 直线距离，而非 *CDE* 曲线距离，则肩围计算表达式为：

$$C_{肩} = AC_{曲线} + CE_{直线} + EB_{曲线} \tag{7-19}$$

7.2.3.4 人体胸部围度计算

通过对大量人体胸部轮廓进行比例缩放、落点统计等处理后，选取落点最密集的人体轮廓近似替代胸部标准轮廓，所使用的人体胸部截面模型如图 7-22 所示。

图中 *A*→*C*→*D*→*B* 为后背部分；*A*→*E*→*F*→*B* 为前胸部分。其中，*E*、*F* 为人体胸部最突出的两点，*A*、*B* 为人体侧面图像中的胸部中心

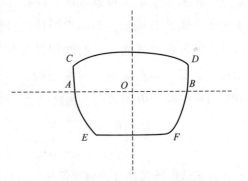

图 7-22 人体胸部截面图

点（即在服装侧缝线上的点），起到分割人体正背面的作用，*C*、*D* 为胸部截面所在水平面上，正面平视观察时最宽的两端点（代表胸宽的点），在测量人体胸围时，即以胸部突起处的水平位置，围绕测量一周的距离，即图中围绕轮廓一周所测得的距离。

7.2.3.5　人体腰部与臀部围度计算

本节所使用的人体腰部截面模型和人体臀部截面模型如图 7-23 所示。

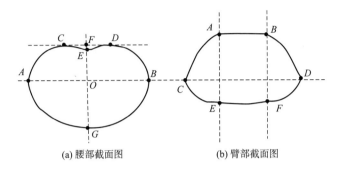

(a) 腰部截面图　　　　　　　　(b) 臀部截面图

图 7-23　人体腰部与臀部截面图

图中 $A{\to}G{\to}B$ 段为人体正面，$A{\to}C{\to}E{\to}D{\to}B$ 段为人体背面。其中，C、D 为人体背面靠脊骨处两侧最突出的位置，E 为脊骨处凹陷的位置，G 与 E 对应，F 为 CD 段与 EG 段的交点。实际手工测量时，往往会测量 CD 段的直线距离，忽略了 CED 段的曲线部分，因而在计算腰围时，可近似测量 $A{\to}G{\to}B{\to}D{\to}F{\to}C$ 段的周长即可。由图 7-23（a）可看出，人体腰部两侧差异甚微，可近似看作对称构造，算取整个腰部轮廓数值则可视为求取两倍单侧轮廓距离，则腰围计算表达式为：

$$C_{腰} = 2 \cdot (l_{AC} + l_{AG}) + l_{CD}$$

为了计算得到实际腰围轮廓像素值，选其较为突出的点为原点集进行插值处理，根据轮廓形状与两点间的距离来调整插值点的数量，插值点的数量与距离大小成正比关系，插值后通过计算两点间距离之和的方法求取最终的人体腰部围度。

7.3　应用小波分析的服装关节部位抗皱性客观评价

织物折皱是影响服装外观的重要因素，尤其是实际着装过程中的折皱严重影响了服装的美观。从 20 世纪开始，众多的纺织工作人员就对织物折皱的检测方法进行了诸多探讨。但抗皱性的研究大多集中在织物阶段，具体为运用图像处理技术对洗后平整度或其他方法起皱的织物进行表征与评价。服用织物的折皱主要由两大因素引起：一是穿着过程中的运动，二是洗护过程中的揉搓，且二者机理完全不同，现有研究大多针对后者，关于穿着运动起皱的研究甚少。本节拟基于计算机视觉技术研究穿着过程中的织物折皱，研究结果不仅可以指导选材，减少面料的错误使用带来的浪费，同时又符合信息化发展的趋势和方向，有助于促进计算机在线检测技术的实现。

7.3.1 试样的选取

选取抗皱能力不同的 15 种常见机织物，皆为纯色，原料包括棉、麻、丝、毛及化纤，且颜色、组织结构也不相同，规格参数见表 7-5。

表 7-5 织物规格参数表

编号	名称	组织	成分	经密/（根/10cm）	纬密/（根/10cm）	面密度/（g/m²）	厚度/mm
1#	卡其	棉	平纹	400	340	179.3	0.22
2#	府绸	棉/氨纶	平纹	560	520	171.3	0.21
3#	弹力布	棉/氨纶	平纹	380	340	271.9	0.37
4#	防绒布	涤纶	平纹	480	380	168.5	0.19
5#	平布	棉	平纹	340	320	87.1	0.17
6#	细卡	棉	斜纹	420	380	202.7	0.24
7#	平布	麻	平纹	260	230	107.5	0.24
8#	平布	麻	平纹	300	240	117.3	0.23
9#	交织布	丝/麻	平纹	240	300	122.5	0.20
10#	绢丝	蚕丝	平纹	340	230	137.6	0.22
11#	色丁	涤纶	缎纹	260	280	204.8	0.37
12#	精纺布	毛	斜纹	400	340	352.9	0.38
13#	哔叽	毛	斜纹	400	320	243.4	0.32
14#	人造布	黏胶纤维	平纹	250	220	106.9	0.21
15#	人造布	黏胶纤维	平纹	150	108	106.5	0.19

7.3.2　折皱回复角的测试

用 YG541E 型全自动激光织物折皱弹性仪，根据 GB/T 3819—1997《纺织品　织物折痕回复性的测定　回复角法》，测试织物的折皱回复角（WRA）。由于机织物的抗皱性具有明显的各向异性，又具有高度对称性，使 WRA 随角度变化的同时，又以经（纬）纱为对称轴呈对称分布。所以只测 0°~180°，且以 15° 为间隔（0° 为经向，90° 为纬向），此外由于 0° 和 180° 完全相同，因而只测 0°~165°。

7.3.3　实验服的选取、制作及试穿

（1）实验服的选取。裤子在人们的生活中占有十分重要的地位，且又是非常容易起皱的服装，特别是膝关节部位，由于频繁的下蹲或弯曲，使膝盖后侧易产生较多折皱，从而严重影响整体平整度和美观性。由此，选取裤子作为实验服。

（2）实验环境。温度为 20℃±2℃、相对湿度为 65%±3%。

（3）被测者及样板。身高为 160cm、腰围为 70cm、A 体型的年轻女性 1 名。依据被测者体型，制作合体度适中的裤装样板。

（4）裤子的制作及试穿。将所选织物按照所绘样板，统一参数进行裁剪、缝制和熨烫。且所有工艺均由同一名人员在同一台机器上完成。最后将熨平的裤子由试穿者试穿，如图 7-24（a）所示。

（5）着装起皱及折皱图像的获取。

①穿上裤子后，做如下常见动作：下蹲 5min，坐在与小腿高度平齐的座位上 5min，站起来恢复 5min，以上为一个循环，连续两个循环。

②将裤子小心脱下，在自然光照下拍摄膝盖后面起皱最严重的部位，然后将该部位小心置于扫描仪上获取图像，扫描时在盖子下面四周放置小物品起支撑作用，以避免盖子对折皱形态造成影响。拍照和扫描图像如图 7-24（b）、（c）所示。

对比图 7-24（b）、（c）可知，拍照图像容易因光照不匀而对折皱造成影

(a) 膝盖后侧　　　　　(b) 拍照图像　　　　　　(c) 扫描图像

图 7-24　相机和扫描仪采集的折皱图像

响，扫描图像亮度较为均匀。因此统一采用扫描的方法获取图像，并将起皱最严重的区域截取为 256 像素×256 像素，以便后续操作。

7.3.4　起皱程度的主观评价

日常生活中对实际着装时服装折皱的评价大多通过肉眼观察和大脑判断，因此本节的折皱评定也借助主观评价这一方式。主观评价又分为分档评分法和秩位评定法。分档评分法是根据属性将被评定对象划分为 5~7 个等级，优点是快速、直接、高效；缺点是结果不够细致。秩位评定法则是将被评定对象根据属性大小进行排序，优点是能清晰标识任意两个对象间的属性高低，缺点是样本量较大时，正确排序有一定的困难，且时间较长。

由于以上两种主观评价方法各具优缺点，接下来将综合运用二者对织物折皱进行评定，以使研究结果更具全面性和说服力。

（1）评价标尺的选择。采用 5 点赋义法对着装后膝盖后侧的折皱进行主观评价，评分方法如图 7-25 所示。非常严重：1 分；较重：2 分；一般：3 分；较轻：4 分；非常轻：5 分。为使评分更精确，将结果保留一位小数，且取两条裤腿评分的均值作为最终得分，结果仍保留一位小数。

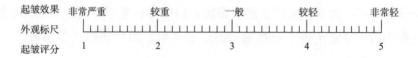

图 7-25　主观评价标尺

（2）评价专家的组成。为克服个体评价的不稳定性，采用群体评价。评价专家组由 10 名来自纺织服装企业、判断准确可靠的质检部成员组成，且从事该工作 10 年以上，其中女性 5 人、男性 5 人，年龄为 40~60 岁。

（3）评价对象。理想情况是将真实的样品呈现给观察者，但织物变形随时间而不断发生变化。因此只能将起皱织物在统一的时间内进行拍照或扫描以记录其折皱程度，再由专家对其进行判断。为减小光照不匀对评价结果的影响，统一采取扫描的方式，即专家的评价对象是扫描的折皱图像。

（4）评价前的准备。将扫描得到的膝盖部位图像，共 40 张（每条裤子有 2 张），分别保存于实验室中的 10 台计算机中（间距较大，以防观察者受周围评价结果的影响），以两种格式保存：一种是每张图像单独存为 JPG 格式，另一种是用一个 4 列 10 行的 Word 表格存放，前者供观察者仔细查看细节，后者用来对比图像之间折皱的差异。评价开始前，请观察者提前进入实验室，以熟悉织物特点、评价等级、面料种类及评判规则等。

（5）主观评价的步骤。要求观察者按照图 7-25 的标尺，在规定时间内对折皱图像进行评分。为减少个体操作差异对评价结果的影响，要求先用 Word 表格里的图像进行总体了解，并初步评分，然后用 JPG 文件进行分数修正，最后再对 Word 文件中的图像进行分数确认，并取两条裤腿起皱的平均分作为该织物的得分。

（6）主观评价结果的一致性检验。10 名专家对 20 块织物的主观评价结果是否具有说服力，需要进行一致性检验。采用完全秩评定的 Kendall 协和系数进行，计算式如下：

$$W = \frac{12 \sum_{j=1}^{n} R_j^2 - 3k^2 n (n+1)^2}{k^2 n (n^2 - 1)}$$

其中：W 为 Kendall 完全秩评定协和系数，取值在 0~1 之间，$W=0$ 表明完全不相关，$W=1$ 表明完全相关；R_j 为每一个观察对象或个体的实际秩和，文中 $k=10$，$n=20$，经运算 $W=0.937$，在 $\alpha=0.05$ 的水平下显著相关。所以 10 名专家的主观评价具有良好的一致性。

（7）主观评价结果的最终确定。取 10 名专家对每条裤子打分的平均值作为该条裤子的最终得分，分值越小，说明起皱越严重。

7.3.5　基于小波分析的折皱图像特征提取

享有"数学显微镜"美称的小波分析能有效地提取信息，将信号进行高频处时间细分，低频处频率细分，且可聚焦到信号的任意细节。非常适用于提取和分析由低频、高频及中高频三类信号叠加而成的织物折皱信息。

图 7-26 是小波分析的基本原理。图 7-26 显示图像 $f(x, y)$ 经过一层分解，被分成 4 幅子图像，其中 CA 是近似系数，代表水平和垂直方向的低频成分，其余三个是细节系数：CH_1 代表水平方向的高频和垂直方向的低频成分；CV_1 代表垂直方向的高频和水平方向的低频成分；CD_1 代表垂直和水平两个方向的高频成分。CA 又可以继续进行分解。图 7-26 （d） 所示为折皱图像经过二层分解后的图像。

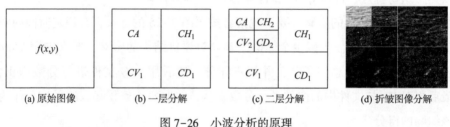

图 7-26　小波分析的原理

织物折皱程度的高低可通过小波标准差来反映，采用不同分解尺度下三个细节系数标准差（DSCD）作为折皱特征，其含义分别为：SH_i 表示水平细节系数 CH_i 的标准差；SV_i 表示垂直细节系数 CV_i 的标准差；SD_i 表示斜向细节系数 CD_i 的标准差；其中，i 为小波分解层数（本节 $i=4$）。

由于 Haar 具有的方波形状与机织物或针织物的织纹结构具有相似性，因此选择 Haar 小波进行折皱图像的分析与细节系数标准差的提取。

7.3.6　抗皱性客观评价

7.3.6.1　DSCD 与专家主观评分的关系

图 7-27 是专家评分与不同分解尺度下 DSCD 之间的相关系数。由图 7-27

可知，DSCD 与评分间呈高度负相关，但分解层数不同，相关系数也不同。

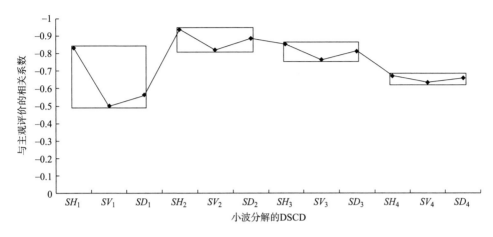

图 7-27 DSCD 与 WRA 的相关系数

在分解 1 层时，三个方向的 DSCD 与主观评分的相关系数差距很大，随分解层数的增加，差异逐渐缩小。在分解 2 层时，三个方向的相关系数均达到最大值，之后又开始减小。

矩形框的重心可表明其变化规律，重心高度呈先增后减的趋势，且分解 2 层时达到最高，此时三个标准差与主观评分间的相关系数最大；矩形框的长度则说明三个方向相关系数的差值：分解 1 层时最大，后来逐渐减小，分解 4 层时达到最小。

综上所述，小波分析的 DSCD 能反映织物折皱程度，进行不同尺度的小波分解时，与主观评分相关性最好的是 SH_2，且每个分解尺度下，与主观评分相关性最高的均为 SH，即水平细节系数标准差。

7.3.6.2 DSCD 与 WRA 的关系

图 7-28~图 7-31 所示为不同尺度下 DSCD 与 WRA 的相关系数。

分解 1 层时，三条相关系数折线的距离较远，与 WRA 的相关性从大到小依次是：SH_1、SD_1 和 SV_1。SH_1 折线具有较明显的以 90° 为最低点对称分布特点，且经向和斜向（45° 和 135°）的 SH_1 与 WRA 的相关系数明显大于纬向（90°）。

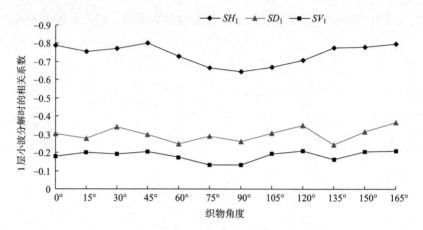

图 7-28　小波分解 1 层时 DSCD 与 WRA 的相关系数

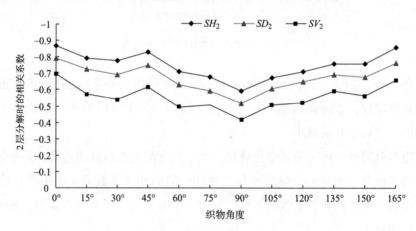

图 7-29　小波分解 2 层时 DSCD 与 WRA 的相关系数

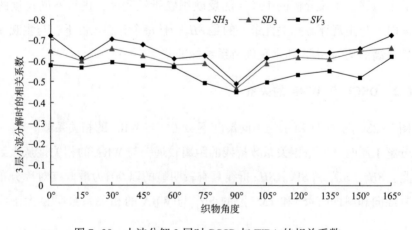

图 7-30　小波分解 3 层时 DSCD 与 WRA 的相关系数

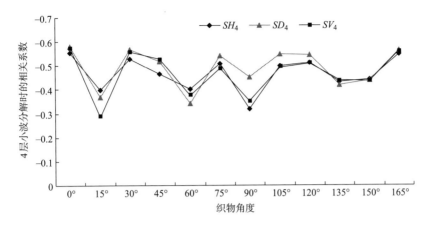

图 7-31　小波分解 4 层时 DSCD 与 WRA 的相关系数

分解 2 层时，三条相关系数折线的距离逐渐变小，即 SD_2 和 SV_2 与 WRA 的相关系数比分解 1 层有了较大提高。三个方向的 DSCD 与 WRA 的相关系数由大到小仍然是：SH_2、SD_2 和 SV_2。此外，三条折线也接近对称分布，且经向和斜向的 DSCD 与 WRA 的相关系数明显大于纬向。

小波分解 3~4 层时，相关系数折线呈现的规律性较差。分解 3 层时，SD_3 和 SH_3 的距离进一步缩小，有交叉现象，同时 SH_3 和 SD_3 折线还保持一定的对称特点；分解 4 层时，三条折线进一步相交，且 SH_4 和 SD_4 与 WRA 的相关系数继续降低。三条折线图没有明显的对称分布特征。

综上所述，小波分解 1~2 层时，三个方向的 DSCD 与 WRA 的相关系数由大到小依次是：SH、SD 和 SV，且 SH 与织物经向和斜向 WRA 的相关性大于纬向，从两个方面表明织物折皱具有明显的水平和斜向特征。可解释为：实际着装产生的折痕最多的是水平方向（相当于测试织物 0°，即经向的 WRA），其次为斜向（相当于测试织物 45°或 135°的 WRA），没有纵向折痕，如图 7-24 所示。简言之，织物经向抗皱能力对实际着装时服装抗折皱变形的贡献最大，其次是斜向，纬向最小。

7.4　基于多尺度卷积的裤子着装平整度客观评价

服装外观性能如缝纫平整度、洗后平整度、服装褶裥等的客观评级一直是纺织品检测领域的研究热点。目前，主要采用标样对照法对织物平整度进行等级评价，但该方法环境要求高、实时性差、易受心理因素影响，具有诸多不确定性。因此，众多国内外学者致力于研究客观有效的织物平整度评估方法。

随着计算机技术的发展，针对织物平整度等级的客观评价方法研究主要集中在图像处理技术、三维扫描、三维建模等。本节以实际着装过程中的折皱为研究对象，基于多尺度卷积的建立评价模型，以期实现着装平整度的客观评定。

7.4.1 折皱图像数据集的建立

7.4.1.1 试样的选取

收集了市面上常见的 35 种纯色机织裤装面料，织物厚度、颜色、抗皱性和组织结构均不相同，原料包含棉、麻、丝、毛及化纤等。

7.4.1.2 实验样裤制作及图像采集

裤子由于膝盖的频繁弯曲，易在穿着过程中出现大量折皱，因此本文选择裤子膝盖处的折皱为研究对象。实验环境为：温度 20℃±2℃、相对湿度 65%±3%。选择一名中间体型的女性作为被试者，身高 160cm、腰围 70cm，根据被试者体型绘制合体裤装样板并缝制实验样裤，所有工艺均由同一人在同一机器上完成。

样裤熨烫平整后由被试者进行穿着起皱。穿着动作包括静坐 5min（膝弯曲成直角）、匀速爬楼 5min（膝弯曲成钝角）、下蹲 5min（膝弯曲成锐角）。之后将裤子小心脱下，利用图 7-32 中的装置对腘窝处的折皱进行图像采集，该装置由佳能 700D 相机、条形光源、支架、载样台等组成。由于裤子折皱多为横向折痕，因此采用单侧条形斜向光源对其照射，使光线与织物表面形成一定的入射角度，经织物凹凸不平的表面形成漫反射，使图像呈现明暗变化。为防止其他光线的干扰，图像采集过程在暗室中进行。

由于卷积神经网络所需样本量较大，加上裤子起皱部位因面料差异具有

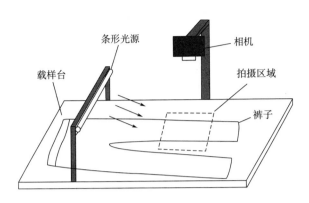

图 7-32　裤子腘窝处折皱图像的获取方法

不同的折皱表现，因此为增加数据集，对 35 条样裤 12h 内的折皱变化过程进行图像采集，考虑到织物具有不同的急弹性和缓弹性回复角，在 35 条样裤起皱试验后的 1h 内每隔 15min、1h 后至 2h 内每隔 30min、2h 后至 9h 内每隔 1h 获取折皱图像，每条样裤有左右两条裤腿，因此 35 条样裤共得到 1260 张折皱图像。

7.4.1.3　主观评价

请 10 位专家对 1260 张折皱图像进行等级评定，将其分为 5 个等级：1 级折皱数量多且折痕深；2 级折皱数量较多、折痕较深；3 级折皱数量较多但折痕较浅；4 级折皱数量较少且折痕较浅；5 级几乎无折皱。评价步骤为：专家提前 15min 进入实验室，熟悉环境和评判规则，对所有折皱图像进行总体了解。虽然折皱图像较多，但样裤最初的 70 张折皱图像反映了不同织物的折皱数量，随后的图片则反映了同一织物随时间的推移，折皱深浅的变化情况。因此，将每一条裤子的折皱图像单独列入一个文件夹，请专家先对 35 条样裤最初的折皱图像进行排序，粗分为折皱数量较多和较少两类，再根据折皱深浅程度对其进行等级划分。初步等级评定后，再进行仔细对比和调整，确定折皱等级，最后求 10 名专家等级的平均值作为该织物的最终等级，并根据评级结果制作样本标签。图 7-33 所示为不同等级的折皱图像。

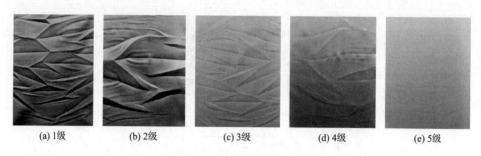

(a) 1级　　　　(b) 2级　　　　(c) 3级　　　　(d) 4级　　　　(e) 5级

图 7-33　不同等级的折皱图像

7.4.1.4　基于 K-means 聚类算法的数据集校正

由于主观评价具有一定的不确定性和不稳定性，专家可能对同一张折皱图像存在争议，求取平均值的方式不适合用于存在争议的折皱图像，因此采用无监督的方法对评级结果进行校正。

选择 K-means 聚类算法对数据集的标签进行校正，该方法具有高效、快速、易实现的优点，被广泛应用于多个领域，其主要通过设定初始聚类数目和聚类中心，根据特定的距离计算式进行相似性度量，不断迭代重新得到数据聚类中心，对数据集进行划分，得到聚类结果。

SURF 算法使用图像金字塔构造不同的尺度空间，具有尺度不变性、旋转不变性，还具有良好的抗光照及抗噪能力，因此本文通过 SURF 算法对折皱图像进行特征提取和特征描述，将折皱图像划分为 5 个等级，即分为 5 类，将这 5 类分别两两组合，即将五分类问题转化为若干个二分类问题，每二类利用 K-means 聚类算法根据折皱图像的 SURF 特征进行聚类，去除两类中有偏差的图，最终从 1260 张筛选出 1120 张等级明确的图片。

7.4.2　深度神经网络模型设计

7.4.2.1　卷积神经网络

CNN 由卷积层、池化层和全连接层组成，其本质是一个多层感知器，其优点在于稀疏连接和权值共享，能有效减少网络的参数个数并缓解模型过拟合的问题。卷积层使用卷积核对图像特征进行不同尺寸的过滤，以获取整体的局部特征。池化层通过对数据进行降维，减少提取的特征数据，防止过拟合。例如，卷积输入一个图像数据的矩阵和卷积核之间逐点乘积，然后是线性的整流 ReLU，使卷积的输出稀疏，即对数据进行标准化。最后池化操作通过选择窗口上的最大值来减小维度。卷积的计算式为：

$$S(i,j) = (X * W)(i,j) + b = \sum_{k=1}^{n\_in} (X_k * W_k)(i,j) + b \qquad (7-20)$$

其中：n_in 为输入矩阵的个数，或者是张量的最后一维的维数；X_k 为第 k 个输入矩阵；W_k 为卷积核的第 k 个子卷积核矩阵；$S(i, j)$ 为卷积核 W 对应的输出矩阵的对应位置元素的值。

卷积之后的输出矩阵使用 ReLU 函数进行标准化，ReLU 函数如下：

$$\mathrm{ReLU}(x) = \begin{cases} 0 & x \leqslant 0 \\ x & x > 0 \end{cases} \qquad (7-21)$$

7.4.2.2　基于多尺度卷积的模型设计

由于着装平整度的评价既要考虑折皱数量又要考虑折皱深浅，因此本节设计一种多尺度卷积神经网络模型来提取折皱图像不同尺度的局部特征，以更全面地预测折皱等级。

设计的网络模型先使用不同的卷积核，使用 40 个不同大小的过滤器（2×2、3×3、4×4 和 5×5 各 10 个）提取不同尺度的折皱特征。以上卷积核的大小和个数都是经过重复试验得出的最优参数，且保持了提取信息的完整性。因此每种卷积核给出了 100×100×10 的特征图。批处理规范化（batch normalization）层目的是减少神经网络中的内部协变量偏移，同时加快收敛过程，降低初始化要求，方便调参，提高分类效果。此外，用 ReLU 激活每个神经元。接下来用全局最大池化来降维，减少训练参数量。对卷积之后的特征图进行连接，输出为 50×50×40 的特征图，并将特征图展成一维向量依次输入到两个全连接层中，大小分别为 128 和 64。在最后一个全连接层上使用一个 dropout 函数来随机丢弃训练过程中全连接层的一些节点，以免过拟合。对于第 i 个神经元，使用 dropout 函数后的输出如下式：

$$O_i = X_i a\left(\sum_{k=1}^{d_i} w_k \boldsymbol{x}_k + b\right) = \begin{cases} a\left(\sum_{k=1}^{d_i} w_k \boldsymbol{x}_k + b\right) & X_i = 1 \\ 0 & X_i = 0 \end{cases} \qquad (7-22)$$

其中：a 为激活函数；$\boldsymbol{x}_k$ 为特征矩阵；w_k 为权重；b 为偏置。

最终的输出层由五个神经元组成，对应五个等级，由全连接层输出的结果得到。网络模型整体框架如图 7-34 所示。

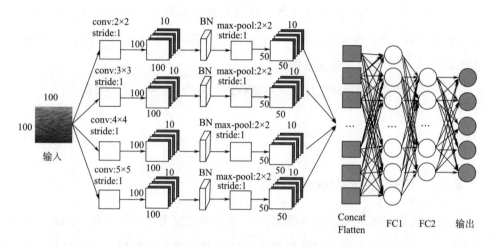

图 7-34　本文设计的网络模型结构

7.4.3　多尺度卷积的裤子着装平整度试验

7.4.3.1　实验环境与参数

采用筛选后的 1120 个实验样本，每次随机抽取 20% 的样本用来测试，其余的用于训练。训练时每批大小为 32，学习率为 0.0001，dropout 函数设置为 0.2。模型的训练环境为 Intel Core i7-10510U CPU，8GB 内存，编译环境使用了 python3.6 和 TensorFlow1.2。

7.4.3.2　实验结果与分析

设计的模型在原有 CNN 的基础上，进一步利用不同卷积核在提取多尺度特征上的优势，将不同层级产生的特征拼接展平为多尺度特征并提供给分类器，多维度提高平整度的预测准确率及底层信息的利用率。实验中，为了克服不同卷积核卷积后的尺寸不同，造成后续提取的特征无法融合的问题，将 padding 的方式设置为 same padding，损失函数为 softmax 的交叉熵，采用亚当优化算法最小化损失函数。通过不断迭代来优化模型的参数，使训练准确率和损失都趋于平稳，训练过程如图 7-35 所示，随机选取了 224 个样本用来验证模型的效果。用准确率（ACC）选作为预测评价指标，计算式为：

$$ACC = \frac{正确预测的样本数量}{测试样本总数量} \tag{7-23}$$

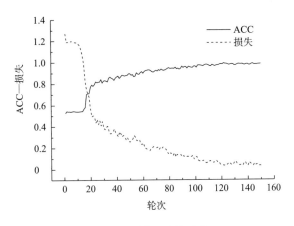

图 7-35　模型训练过程

此外，表 7-6 列出了 2×2、3×3、4×4、5×5、6×6 的卷积核叠加组合后对等级预测结果的影响。表 7-7 显示预测准确率并不是随多尺度卷积核的增加而增加，当同时应用这五种卷积核时，由于模型复杂度变高，出现过拟合现象，导致预测准确率下降。因此，最终选用预测准确率较高的 2×2、3×3、4×4、5×5 四个卷积核，但试验中调参卷积核的大小不仅限于表中的尺度。

表 7-6　不同卷积核对预测准确率的影响

所用卷积核	预测准确率/%
2×2、3×3	86.45
2×2、3×3、4×4	89.06

续表

所用卷积核	预测准确率/%
2×2、3×3、4×4、5×5	92.87
2×2、3×3、4×4、5×5、6×6	86.98

表 7-7 不同算法的整体预测准确率

方法	BP	CNN	Multi-CNN
准确率/%	82.875	89.375	92.689
损失函数值	0.521	0.2982	0.2531

为了验证多尺度卷积是否能有效提高着装平整度的预测准确率，采用 *BP* 神经网络和 CNN 进行对比分析。图 7-36 显示了不同算法时每个等级的预测准确率，从图 7-36 可以看出 Multi-CNN（多尺度卷积神经网络）的预测准确率均都高于其他两种算法。表 7-7 显示了不同算法的整体准确率，从表 7-7 可以看出 Multi-CNN 的准确率为 92.69%，比 CNN 提高 3.31%，比 BP 神经网络提高约 10%，且损失最小。这说明多尺度卷积核通过提取不同尺度的折皱特征并进行特征拼接融合，保留了更多的图像信息，利于提高分类正确率。因此，利用本节设计的模型可有效实现着装平整度的客观评定，且对输入图像的要求较低。

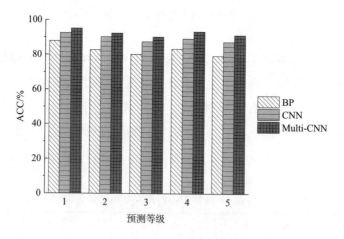

图 7-36 3 种算法的预测准确率

参考文献

［1］ JIANG L Y，YAO J，LI B P，et al. Automatic body feature extraction from front and side images ［J］. Journal of Software Engineering and Applications，2012，5（12）：94-100.

［2］ 黄秀丽. 基于数字图像的青年女体测量系统研究 ［D］. 苏州：苏州大学，2009.

［3］ 谭菲. 基于数字图像的青年女性体型及非接触式二维测量系统研究 ［D］. 苏州：苏州大学，2010.

［4］ 王栋，高成英，高月芳，等. 服装 CAD 中个性化三维人体建模 ［J］. 计算机系统应用，2009，18（8）：196-198.

［5］ 汪黎明，陈健敏，杜凤霞. 利用图像的统计分析方法评价织物免烫等级 ［J］. 青岛大学学报（工程技术版），2002，17（1）：41-43.

［6］ 吴嘉斌，徐增波. 基于傅里叶谱分析技术的织物起皱特征提取和分析 ［J］. 上海毛麻科技，2001（1）：34-36.

［7］ 刘成霞，甘敏，郑文梅. 织物平整度的特征提取方法对比研究 ［J］. 丝绸，2018，55（3）：45-49.

［8］ 徐建明. 织物平整度等级客观评估系统的研究 ［D］. 上海：东华大学，2006.

织物疵点检测源码

```
    clear all; close all;
subw = 16;
subw1 = 8;
wt = fspecial('gaussian', subw1, 2);
wt = wt(8,:);
A = im2double(imread('test_llq\t(1).bmp'));
A = A(1:floor(size(A,1)/subw) * subw,1:floor(size(A,2)/subw) * subw);
[hhww] = size(A);
A = imfilter(A, fspecial('gaussian', 3, 0.3), 'symmetric', 'conv');
gfimg = imfilter(A, fspecial('gaussian', 5, 3), 'symmetric', 'conv');
subplot(2,4,1);imshow(A,[]);
%----------LBP
samples = 8;
table = 0:2^samples-1;
newMax    = 0; %number of patterns in the resulting LBP code
index    = 0;
    newMax = samples * (samples-1) + 3;
  for   i = 0:2^samples-1
      j = bitset(bitshift(uint8(i),1,'uint8'),1,bitget(i,samples)); %
rotate left
```

```
        numt = sum(bitget(bitxor(i,j),1:samples)); %number of 1->
0 and
            %0->1 transitions
        %in binary string
            %x is equal to the
            %number of 1-bits in
            %XOR(x,Rotate left(x))
            if numt<= 2
                table(i+1) = index;
                index = index + 1;
            else
                table(i+1) = newMax - 1;
            end
        end

mapping. table=table;
mapping. samples=samples;
mapping. num=newMax;


Hp=ones(hh * ww/subw/subw,mapping. num);
cc=1;
for rw=1:subw:hh−subw
    for cl=1:subw:ww−subw
        pa=A(rw:rw+subw−1,cl:cl+subw−1);
        Hp(cc,:)=LBP(pa,1,8,mapping);
        cc=cc+1;
    end
end
Rlbp=mean(Hp);
%------------------------------------------------
```

```
Slbp = A * 0;
Sprj = A * 0;
cc = 1;
cenoff = floor( subw/2);
for rw = 1:1:hh-subw
    for cl = 1:1:ww-subw
            pa = A( rw:rw+subw-1, cl:cl+subw-1);
            Th = LBP( pa,1,8,mapping);
            addMatrix = Rlbp+Th;
            idxZero = find( addMatrix = =0);
            addMatrix( idxZero) = 1;
            DistMat = ( Rlbp-Th).^2./addMatrix;
            Slbp( subw/2+rw, subw/2+cl) = sum( DistMat);
            pa = gfimg( rw:rw+subw1-1, cl:cl+subw1-1);
            Ph = mean( pa,2);
            Pv = mean( pa);
            fPh = Ph;
            fPv = Pv;
            fPh = fPh( 1:end-1) -fPh( 2:end);
            fPv = fPv( 1:end-1) -fPv( 2:end);
            Th1 = max( [ norm( fPh)  norm( fPv) ]);
            Sprj( subw1/2+rw, subw1/2+cl) = Th1;
        end
        cc = cc+1;
end
Reg = Slbp( subw:end-subw, subw:end-subw);
Zmin = min( Reg( :));
Zmax = max( Reg( :));
Reg = ( Reg-Zmin)/( Zmax-Zmin);
```

Slbp = Reg;

Reg = Sprj(subw：end−subw，subw：end−subw) ;
Zmin = min(Reg(：)) ;
Zmax = max(Reg(：)) ;
Reg = (Reg−Zmin) / (Zmax−Zmin) ;
Sprj = Reg;

Sd_lbp = std(Slbp(：)) ;
Sm_lbp = mean(Slbp(：)) ;
Sd_prj = std(Sprj(：)) ;
Sm_prj = mean(Sprj(：)) ;
Fc_lbp = Sd_lbp/Sm_lbp;
Fc_prj = Sd_prj/Sm_prj;
subplot(2,4,2) ;imshow(Slbp,[ ]) ;title([' \sigma/\it \mu =' num2str(Fc_
lbp)]) ;% ' Fc =' num2str(Sd_lbp/Sm_lbp)]) ;
subplot(2,4,3) ;imshow(Sprj,[ ]) ;title([' \sigma/\it \mu =' num2str(Fc_
prj)]) ;% ' Fc =' num2str(Sd_prj/Sm_prj)]) ;

w1 = Fc_lbp/(Fc_lbp+Fc_prj) ;
w2 = 1−w1;
Sal = w2 * Sprj+w1 * Slbp;
subplot(2,4,4) ;imshow(Sal,[ ]) ;title(' gau+prj') ;
Sal = imfilter(Sal, fspecial(' gaussian' , 5, 3) , ' symmetric' , ' conv') ;
bw = Sal>2 * mean(Sal(：)) ;
bw1 = imopen(bw,strel(' square' ,3)) ;
subplot(2,4,5) ;imshow(bw1) ;title(' lbp+prj−seg−−−−threshold = 2mean') ;

%−−−−−−−−−−−−−function of LBP
function result = LBP(varargin) %

```
image, radius, neighbors, mapping, mode)

    image = varargin{1};
    d_image = double(image);

    if nargin == 1
        spoints = [-1 -1; -1 0; -1 1; 0 -1; -0 1; 1 -1; 1 0; 1 1];
        neighbors = 8;
        mapping = 0;
        mode = 'h';
    end

    if (nargin == 2) && (length(varargin{2}) == 1)
        error('Input arguments');
    end

    if (nargin > 2) && (length(varargin{2}) == 1)
        radius = varargin{2};
        neighbors = varargin{3};
        spoints = zeros(neighbors, 2);

        % Angle step.
        a = 2 * pi/neighbors;
        for i = 1:neighbors
            spoints(i,1) = -radius * sin((i-1) * a);
            spoints(i,2) =  radius * cos((i-1) * a);
        end

        if(nargin >= 4)
            mapping = varargin{4};
```

```
        if( isstruct( mapping)  &&mapping. samples  ~ =  neighbors)
            error(' Incompatible  mapping' ) ;
        end
    else
        mapping = 0 ;
    end


    if( nargin> =  5 )
        mode = varargin{ 5} ;
    else
        mode =' h'  ;
    end
end


if ( nargin>  1 )  &&  ( length( varargin{ 2} )  >  1 )
    spoints = varargin{ 2} ;
    neighbors = size( spoints , 1 ) ;


    if( nargin> =  3 )
        mapping = varargin{ 3} ;
        if( isstruct( mapping)  &&mapping. samples  ~ =  neighbors)
            error(' Incompatible  mapping' ) ;
        end
    else
        mapping = 0 ;
    end


    if( nargin> =  4 )
        mode = varargin{ 4} ;
    else
```

```
            mode = ' h' ;
       end
   end


% Determine the dimensions of the input image.
[ ysize xsize ]  = size( image) ;


miny = min( spoints( : ,1) ) ;
maxy = max( spoints( : ,1) ) ;
minx = min( spoints( : ,2) ) ;
maxx = max( spoints( : ,2) ) ;


% Block size, each LBP code is computed within a block of size bsizey * bsizex
bsizey = ceil( max( maxy ,0) ) −floor( min( miny ,0) ) +1 ;
bsizex = ceil( max( maxx ,0) ) −floor( min( minx ,0) ) +1 ;


% Coordinates of origin ( 0,0 ) in the block
origy = 1 −floor( min( miny ,0) ) ;
origx = 1 −floor( min( minx ,0) ) ;


% Minimum allowed size for the input image depends
% on the radius of the used LBP operator.
if( xsize<bsizex || ysize<bsizey)
  error(' Too small input image. Should be at least ( 2 * radius+1) x ( 2 * radi-
us+1)' ) ;
   end


% Calculate dx and dy;
dx  = xsize − bsizex ;
dy  = ysize − bsizey ;
```

% Fill the center pixel matrix C.

C = image(origy : origy+dy , origx : origx+dx) ;

d_C = double(C) ;

bins = 2^neighbors ;

% Initialize the result matrix with zeros.

result = zeros(dy+1 , dx+1) ;

%Compute the LBP code image

for i = 1 : neighbors

  y = spoints(i , 1)+origy ;

  x = spoints(i , 2)+origx ;

  % Calculate floors , ceils and rounds for the x and y.

  fy = floor(y) ; cy = ceil(y) ; ry = round(y) ;

  fx = floor(x) ; cx = ceil(x) ; rx = round(x) ;

  % Check if interpolation is needed.

  if (abs(x − rx) < 1e−6) && (abs(y − ry) < 1e−6)

    % Interpolation is not needed , use original datatypes

    N = image(ry : ry+dy , rx : rx+dx) ;

    D = N >= C ;

  else

    % Interpolation needed , use double type images

    ty = y − fy ;

    tx = x − fx ;

    % Calculate the interpolation weights.

    w1 = (1 − tx) * (1 − ty) ;

```
        w2 =          tx   *  ( 1 − ty) ;
        w3 = ( 1 − tx)  *          ty ;
        w4 =          tx   *          ty ;
        % Compute interpolated pixel values
        N = w1 * d_image( fy:fy+dy, fx:fx+dx)  + w2 * d_image( fy:fy+dy,cx:
cx+dx) + ...
                w3 * d_image( cy:cy+dy,fx:fx+dx)  + w4 * d_image( cy:cy+dy,cx:
cx+dx) ;
        D = N >= d_C;
    end
    % Update the result matrix.
    v = 2^(i−1) ;
    result = result + v * D;
end


% Apply mapping if it is defined
if isstruct( mapping)
    bins = mapping. num ;
    for i = 1:size( result,1)
        for j = 1:size( result,2)
            result( i,j) = mapping. table( result( i,j)+1) ;
        end
    end
end


if ( strcmp( mode,'h' )  || strcmp( mode,'hist' )  || strcmp( mode,'nh' ) )
    % Return with LBP histogram if mode equals 'hist' .
    result=hist( result( :) ,0:( bins−1) ) ;
    if ( strcmp( mode,'nh' ) )
        result=result/sum( result) ;
```

```
        end
else
        %Otherwise return a matrix of unsigned integers
        if ( ( bins−1 )<=intmax('uint8') )
                result=uint8(result);
        elseif ( ( bins−1 )<=intmax('uint16') )
                result=uint16(result);
        else
                result=uint32(result);
        end
end


End


function [ g h ]=fft2(varargin)
  if nargin==1, [ J ]=varargin{1} ;d0=15;end
  if nargin==2, [ J   d0 ]=varargin{:};   end
  J=rgb2gray(J);
  J=double(J);
  f=fft2(J);
  g=fftshift(f);
  [ M,N ]=size(f);
  n=3;d0=40;
  n1=floor( M/2 );n2=floor( N/2 );
  for i=1:M
     for j=1:N
            d=sqrt( ( i−n1 )^2+( j−n2 )^2 );
            h=1/( 1+0.414 * ( d/d0 )^( 2 * n ) );
            g( i,j )=h * g( i,j );
     end
```

```
end
g = ifftshift( double( g ) ) ;
g = uint8( real( ifft2( g ) ) ) ;


function  level = graythresh( varargin )
   num_bins = 256 ; n0 = 1 ; m = 3 ; n = 6 ; I = varargin{ 1 } ;
      I1 = im2uint8( I( : ) ) ;
      num_bins = 256 ;
    counts = imhist( I1, num_bins ) ;
   p = counts / sum( counts ) ;
   w0 = cumsum( p ) ;
   mu = cumsum( p . * ( 1:num_bins )' ) ;
   mu_t = mu( end ) ;     w0( w0 <= eps ) = eps ;
   w1 = 1 - w0 ;
   u0 = mu. / w0 ;    u1 = ( mu_t - mu ). / w1 ;
   u = u0. * w0 + u1. * w1 ;
   sigma = mu. ^2. / w0 + ( mu( end ) - mu ). ^2. / ( w1 ) ;
sigma_b_squared =   sigma ;
maxval = max( sigma_b_squared ) ;
   if isfinite( maxval )
       idx = mean( find( sigma_b_squared == maxval ) ) ;
      level = ( idx - 1 ) / ( num_bins - 1 ) ;
   else
       level = 0. 0 ;
   end ;
```

织物密度检测源码

```
clear;
clc;
close all;
img = imread('plain2. bmp');
subplot(2,3,1),imshow(img);
title('原始图像');

img_gray = rgb2gray(img);
subplot(2,3,2),imshow(img_gray);
title('灰度图像');

FFT = fft2(img_gray);
angle = angle(FFT);
FS = abs(fftshift(FFT));

S = log(1+abs(FS));
subplot(2,3,3),imshow(S,[]);
title('傅里叶频谱图');

[m,n] = size(FS);

%%经纱方向
FS(1:m/2-3,:) = 0;
FS(m/2+3:m,:) = 0;

%%纬纱方向
```

```
% FS( :,1:n/2-3) = 0;
% FS( :,n/2+3:n) = 0;


SS = log(1+abs(FS));
subplot(2,3,4),imshow(SS,[]);
title('经纱滤波图');


aaa = ifftshift(FS);
bbb = aaa.*cos(angle) + aaa.*sin(angle).*1i;
fr = abs(ifft2(bbb));
ret = im2uint8(mat2gray(fr));
subplot(2,3,5),imshow(ret);
title('经纱分布图');


tt = graythresh(ret);
img_bw = im2bw(ret, tt);
subplot(2,3,6), imshow(img_bw)
title('纱线分割图');


[c, r] = size(img_bw);
N = -1;
Position = [];


% %经纱密度计算
for i = 1:(c-1)
    if img_bw(c/2, 1) = = 1
        if img_bw(round(r/2), i) = = 1 && img_bw(round(r/2), i+
1)= =0
                N = N + 1;
                Position = [Position; i];
```

```matlab
            end
        end


    if img_bw(c/2, 1) == 0
        if img_bw(round(r/2), i) == 0 &&img_bw(round(r/2), i+1) == 1
            N = N + 1;
            Position = [Position; i];
        end
    end
end


%%纬纱密度计算
% for i = 1:(r-1)
%     if img_bw(1, r/2) == 1
%         if img_bw(i, round(r/2)) == 1 &&img_bw(i+1, round(r/2)) == 0
%             N = N + 1;
%             Position = [Position; i];
%         end
%     end
%
%     if img_bw(1, r/2) == 0
%         if img_bw(i, round(r/2)) == 0 &&img_bw(i+1, round(r/2)) == 1
%             N = N + 1;
%             Position = [Position; i];
%         end
%     end
% end
```

scale = 0.004545;

warp_density = 2.54 ∗ N / ((Position(end) − Position(1) + 1) ∗ scale);